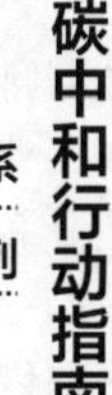

工业碳中和行动

构建绿色智能制造新模式

赵国利　杨爱喜
鲁建厦　谭大鹏　著

化学工业出版社
·北京·

内 容 简 介

本书立足于全球低碳转型背景，详细梳理了我国“双碳”目标的政策逻辑与实践路径，针对我国工业碳达峰·碳中和的重点环节与关键问题，全景展现了各细分行业领域的碳减排技术路径与具体措施。全书详细阐述5G、物联网、大数据、数字孪生、边缘计算、工业机器人等前沿技术在工业制造领域的融合与创新应用，从“双碳”工业、绿色制造、智能制造、数字化工厂、工业机器人等五大维度出发，系统介绍了“双碳”愿景下我国绿色智能制造的新技术、新业态、新模式，致力为传统制造企业绿色低碳转型提供有益借鉴与参考。

图书在版编目（CIP）数据

工业碳中和行动：构建绿色智能制造新模式 / 赵国利等著 . —北京：化学工业出版社，2023.4

（碳中和行动指南）

ISBN 978-7-122-42847-9

Ⅰ . ①工…　Ⅱ . ①赵…　Ⅲ . ①智能制造系统 – 研究　Ⅳ . ① TH166

中国国家版本馆 CIP 数据核字（2023）第 018578 号

责任编辑：夏明慧

责任校对：田睿涵　　　　装帧设计：卓义云天

出版发行：化学工业出版社（北京市东城区青年湖南街 13 号　邮政编码 100011）

印　　装：大厂聚鑫印刷有限责任公司

710mm × 1000mm　1/16　印张 13¾　字数 183 千字　2023 年 5 月北京第 1 版第 1 次印刷

购书咨询：010-64518888　　　售后服务：010-64518899

网　　址：http://www.cip.com.cn

凡购买本书，如有缺损质量问题，本社销售中心负责调换。

定　　价：69.00 元

前言

自我国在第75届联合国大会上提出“中国将提高国家自主贡献力度，采取更加有力的政策和措施，二氧化碳排放力争于2030年前达到峰值，努力争取2060年前实现碳中和”以来，碳达峰、碳中和就引起了社会各界的广泛关注。党的二十大报告也强调要“积极稳妥推进碳达峰碳中和，立足我国能源资源禀赋，坚持先立后破，有计划分步骤实施碳达峰行动，深入推进能源革命，加强煤炭清洁高效利用，加快规划建设新型能源体系，积极参与应对气候变化全球治理”。

简单来说，碳中和就是人类活动直接或间接产生的碳和用各种形式回收或利用的碳正负相互抵消，从而实现“净零排放”。需要注意的是，“净零排放”并不是“零排放”，它允许人类排放一定数量的碳，但其中一部分碳要被自然过程吸收（例如森林、海藻等吸收二氧化碳释放氧气等），剩余的部分要通过人类活动吸收或封存（利用碳捕获、利用与封存技术吸收二氧化碳，或者将二氧化碳转化为工业品再利用等），让碳排放量与固碳量持平，从而实现碳中和。目前，评价一个国家、地区或企业是否实现了碳中和，最主要的方法就是核算其碳排放量与固碳量的比值。

人类生产活动产生的二氧化碳主要来源于煤炭、石油、天然气等化石能源的消耗。而近年来，在我国一次性能源消费结构中，煤炭和石油的占比大约为 80%[1]，这两种化石能源也就成为我国二氧化碳的主要排放源。而在我国的三大产业中，工业对煤炭与石油的消耗量最大。根据中国绿色制造联盟发布的数据，长期以来，工业领域的能源消费在全国能源消费总量中的占比超过了 70%，其中煤炭消耗在全国煤炭消耗总量中的占比达到了 50%。如此大规模的化石能源消耗必然会产生大量的二氧化碳，于是，在我国碳减排的几个重点行业中，工业就成为重中之重。

而工业碳减排并非易事，因为工业制造业属于基础设施类产业，产业链极长，涉及领域极广，上游是各种能源企业，下游是各种制造企业，二氧化碳排放源非常多。在工业碳排放结构中，产品制造、原料供应、所售成品的加工与使用三类活动所产生的碳排放占比相对较大，分别为 40% ~ 60%，10% ~ 20% 和 10% ~ 20%。而产品制造环节的大部分碳排放源于化石燃料燃烧、生产过程中制冷剂的使用，外购电力产生的碳排放等活动。由此可见，工业碳减排、碳中和的实现必须将关注点放在产品制造与原料供应环节，协调产业链上的各个主体共同推进技术创新，探索研发节能降耗技术，完善管理体系，增强各企业的节能减排意识，共同推动产业向低碳化、绿色化的方向转型。

在能源方面，工业企业要利用可再生能源代替传统的化石燃料，这就要求上游的能源企业大力发展风能、光伏能、地热能、水能、氢能等清洁能源，提高清洁能源在整个能源结构中的占比，不断扩大可再生能源装机规模，增加水电、风电、太阳能发电、生物质发电装机量。但是以清洁能源代替传统的化石燃料需要时间，短期内，我国工业发展仍要依赖化石能源，所以要积极推进技术创新，提高能源利用效率，让单位能源发挥出最大价值，从而实现节能减排。例如，火电厂可以采用精细化管理方式，利用低硫煤、现场脱硫废碱液和静电沉淀等技术减少煤炭燃烧过程中二氧化碳等空气污染物的排放。

---

[1] 数据来源于中电传媒能源情报研究中心 2016—2020 年发布的《中国能源大数据报告》。

在生产制造环节，工业企业要积极利用 5G、AI（Artificial Intelligence，人工智能）、机器视觉、数字孪生、工业机器人等新技术实现数智化变革：建设可以实现用地集约化、生产洁净化、废物资源化、能源低碳化的绿色工厂，将生产过程对环境的影响降到最小，最大限度地提高资源利用率，实现节能减排；建设可以提高整个生产过程的可视化水平，提高各环节信息的流动性，实现对生产资源、生产设备、生产设施以及生产过程进行精细化管控的智能车间，进而实现智能制造。

在供应链管理领域，工业企业要积极构建绿色供应链，促进供应链上的供应商、制造商、销售商、顾客等主体相互协同，对产品或物料的存储、运输、使用、回收全过程的能源消耗进行精细化管理，一方面实现节能减排，另一方面提高各项资源回收利用水平与效率，减少整条供应链的碳足迹，进一步强化节能减排。同时，工业企业还可以利用人工智能、大数据等技术创建数字化供应链平台，促进上下游企业之间的交互，打破信息孤岛，促进信息共享，推动业务创新、产品升级、组织管理变革以及企业的数字化转型。

总而言之，在工业节能减排实现碳中和的过程中，科技创新发挥着重要作用。而“十四五”时期是科技创新实现二氧化碳排放增速转变的重要窗口期，因此我国工业产业链条上的各企业必须加强科技创新，推动碳减排、碳中和目标稳步实现。

《工业碳中和行动：构建绿色智能制造新模式》一书立足于“双碳”目标的大背景，以制造业的绿色化、智能化、数字化转型为重点，对能源化工、钢铁、纺织三个重点行业的碳减排路径进行探究，对绿色园区、绿色工厂、绿色供应链建设路径，以及 5G、AI、机器视觉、数字孪生、大数据等技术在制造业数智化转型领域的应用场景、技术架构、落地战略等进行全面解读，并对应用前景最为广阔的工业机器人做了深度剖析。

本书逻辑严谨、内容丰富、语言简洁、案例与图表丰富，展现了实现工业碳中和的种种路径，并结合企业的实践案例对各项新技术在工业碳减排领域的应用进行深入分析，不仅适合工业部门的决策者、各工业企业的管理者阅读，还适合高校相关专业的师生、工业碳中和领域的研究者以及对工业碳中和感兴趣的大众读者翻阅。

著者

目　录

第一部分　“双碳”工业篇

第二部分 绿色制造篇

第三部分 智能制造篇

第五部分　工业机器人篇

第一部分 “双碳”工业篇

第1章
“双碳”目标：正在席卷全球的绿色工业革命

一场广泛而深刻的经济社会变革

近年来，全球经济迅速发展，严重的气候问题也随之而来。气候的异常变化不仅不利于全球经济的持续发展，更对人类的生存造成了威胁，因此，解决全球气候变化问题迫在眉睫。然而，解决全球气候问题并非一蹴而就的事，需要世界各国长期共同努力。为此，越来越多的国家开始部署低碳减排战略，并积极研发和应用低碳、零碳乃至负碳技术，致力于推动全球产业实现绿色低碳发展。

2020年9月，我国明确提出了“碳达峰”“碳中和”的重大战略决策，即“二氧化碳排放力争于2030年前达到峰值，努力争取2060年前实现碳中和”。我国作为世界大国之一，推行“双碳”目标是必然选择，这不仅能够引领全球经济实现高质量、持续、稳定的发展，还可以彰显我国的大国风范，对提升国际地位具有十分重要的意义。

1. 碳达峰、碳中和的概念与内涵

碳达峰（peak carbon dioxide emissions）是指某个地区或某个行业的经济发展活动一年内所产生的二氧化碳排放量达到历史最高值，随后二氧

化碳排放量持续下降。简单来讲，碳达峰是二氧化碳等温室气体排放量从持续上升到持续下降的转折点，实现碳达峰意味着经济发展不再与碳排放挂钩，也意味着经济发展将转变为集约型模式，能耗和碳排放都将持续降低。截至2020年底，全球已有超过50个国家和地区实现了碳达峰。

碳中和（carbon neutrality）是指某个地区或某个社会主体（国家、企业、个人等）在一定时间内，各类活动直接或间接产生的二氧化碳排放总量，通过植树造林等手段全部吸收消耗，达到二氧化碳的相对零排放。

碳达峰与碳中和相辅相成，二者通常被合并称为“双碳”。根据《巴黎协定》的计划，到21世纪末，全球平均气温上升幅度应不超过2℃，并努力控制在1.5℃以内，那么相应的碳减排目标是，到2030年碳排放量应当比2010年减少25%和45%，实现碳中和的年份也需要在2070年和2050年左右，可谓时间紧任务重。因此，要想全面实现碳中和，需要搭配合理可行的碳达峰方案，一边减少碳排放，一边增加碳吸收，力求在更早的时间点实现碳中和。

2.“双碳”目标下的绿色工业革命

作为一个制造业大国和人口大国，我国的碳排放总量位居世界第一，不过我国自开始重视低碳减排以来，就不断出台和落实相关政策法规，推动各行业低碳转型，并取得了显著的碳减排效果。根据工业和信息化部部长在2021年3月1日举行的国新办新闻发布会上的讲话，2016年—2020年，我国规模以上工业企业能耗和碳排放显著降低，单位工业增加值能耗累计下降超过16%，二氧化碳排放量累计下降22%左右。在此基础上，我国“碳达峰”“碳中和”目标以及实施路径也逐渐明确。

我国要想在2030年前全面实现碳达峰，就必须在现阶段做好碳减排工作。政府要出台相关政策，制定合理的碳减排目标和实施路径，加大力度推动高碳排放领域的碳减排，为我国全面实现碳达峰和碳中和奠定良好的基础。在“十四五”期间，我国要努力将单位国内生产总值的碳排放降低 18%，并在 2030 年实现单位国内生产总值碳排放比 2005 年降低 65% 的目标。

从政策层面来看，我国已经制定了实现“双碳”目标的总体战略部署和系统规划，并出台了“1+N”的顶层设计文件，即《中共中央 国务院关于完整准确全面贯彻新发展理念做好碳达峰碳中和工作的意见》和《2030 年前碳达峰行动方案》，将“双碳”纳入经济社会发展全局，围绕低碳和可持续发展的原则，促进产业结构转型升级，推动生产生活方式以及城乡空间格局的变革，推动经济社会发展全面绿色转型，以确保如期甚至提前实现碳达峰、碳中和。

在我国的碳排放结构中，工业碳排放占比最大，因此推动工业领域低碳转型成为降低碳排放的重点任务之一，工业领域实现碳达峰对全国实现碳达峰具有重要意义。具体来看，工业领域的低碳转型可以从以下几个方面着手，如表 1-1 所示。

表 1-1 工业领域低碳转型的四大措施

措施	具体内容
推动产业结构变革	始终围绕低碳发展的原则，不断推动传统产业开展低碳转型，同时加大对战略性新兴产业的支持力度，淘汰粗放型产业，打造绿色、低碳的产业结构
促进用能结构变革	减少化石能源的使用，加强清洁能源的使用，强化电力需求侧管理，推动工业电气化，同时注重提升能源使用效率
完善绿色制造体系	不断深化绿色发展理念，将绿色制造理念贯彻到工业生产的各个环节，加快建设绿色工厂和绿色工业园区，打造低碳、绿色、可持续的制造体系
完善低碳技术体系	加快推动新一代信息技术与工业领域的深度融合，不断研发低碳技术，创建并完善低碳制造技术体系，发展低碳技术产业，推动工业领域向绿色、智能、数字化方向转型

此外，工业企业还要积极响应国家政策，顺应低碳发展的要求，不断变革自身的发展战略和发展模式；加强现代化技术的应用，结合绿色低碳

发展理念，创新生产工艺，转变能源使用结构，提升能源使用效率，促进能源循环利用，推动全产业链条的绿色变革，从而全面实现碳减排。

构建完善的绿色低碳工业体系

在现代绿色低碳工业体系下，一个国家或地区正常开展工业活动，工业发展呈现出持续稳定甚至高速增长的态势，而工业活动产生的碳排放会呈现出持平或持续下降的趋势。在这一体系下，工业发展速度将实现与碳排放脱钩，这是“双碳”目标下工业发展的必然趋势，也是实现工业碳中和的基础。绿色低碳工业体系建设需要围绕低碳减排和工业高质量发展的目标，强化制造业基础，转变产业结构和能耗结构，推动工业产业链实现绿色转型升级，具体内容如下。

1. 坚定制造强国战略，巩固实体经济根基

我国工业领域要借鉴发达国家的优秀经验，结合我国工业发展的特点和趋势，不断强化制造业的基础，巩固实体经济的根基，避免过早出现去工业化的现象。但事实上，我国“过早去工业化”的现象已经出现。近20年间，我国工业经济占GDP比重从最高峰的42%降至32%，而且在持续下降。

而根据发达国家的经验，在全面实现工业化和城镇化之后，工业与制造业经济在全国经济中的比重会呈现出下降趋势。但目前，我国尚未全面实现工业化和城镇化，工业和制造业经济占比下降可能会带来一些负面影响。因此我国要坚持优化工业制造业发展战略，以实现制造业和工业经济占比的有序、稳定下降。

2. 控制和减少六大高耗能行业的碳排放

我国六大高耗能行业指的是电力、化工、石化、钢铁、建材、有色金属行业，这些行业的能源消费在全国工业能源消费中的占比极高，约为70%，而经济增加值却不是很突出，约占全国工业经济增加值的33%。因此，在“双碳”背景下，改变六大高能耗行业的发展模式至关重要，具体来看就是要改变这些行业的能源消耗结构，减少化石能源的使用，同时提升能源利用效率，最大限度地降低碳排放。

目前，我国钢铁和建材行业的能耗逐渐平稳，预计不久之后将开始下降，而石化行业的能耗却仍处于快速增长阶段。因此，我国要根据整体碳减排目标，结合各行业的能耗以及碳排放情况，制定有针对性的碳减排目标和策略，有序推动六大高耗能行业的碳减排。

3. 高端制造业在工业中占据主导地位

根据发达国家的经验，发展高端制造业可以加快工业绿色低碳转型进程。目前，我国正在持续优化工业生产结构，规模以上的中高端制造业增加值呈现出持续增长的趋势。根据工信部数据，“十三五”时期高端技术制造业增加值平均增速达到了10.4%，在规模以上工业增加值中的占比也由“十三五”初期的11.8%提高到了15.1%。不过目前高端制造业在我国工业中的占比仍处于较低水平，因此，我国要大力发展高端制造业，持续推动工业技术升级，并出台激励和扶持政策，引导高端制造业高效、稳定、健康发展。

4. 产业链供应链绿色低碳水平大幅提升

在绿色低碳工业体系中，产业链供应链也会持续向绿色低碳的方向变革。在工业碳中和目标的引领下，绿色低碳发展理念将持续、深刻地融入产业链供应链的各个环节，推动产业链供应链从根源上开展绿色低碳转型，促使各环节实现碳中和，最终实现全工业领域的碳中和。例如苹果公司围绕低碳发展的目标，将低碳理念贯穿于整体业务链、供应链和产品全生命周期，并计划于2030年前在这几方面实现碳中和。

数字化赋能工业绿色低碳转型

目前，能源结构不合理、资源利用率不高等问题限制了我国制造业的发展。为了解决这些问题，我国需要综合利用多种技术手段来推动制造业实现低碳发展，从而提高制造业的发展质量。现阶段，我国制造业可以采取数字化的手段实现低碳转型，具体来说就是利用数字技术对产品全生命周期的碳排放情况进行管理，并进行碳足迹核算；利用数字技术优化生产流程，减少在能源和物资方面花费的生产成本；利用数字技术进行能源管理以及碳排放监测、统计和核算；利用数字技术实现对供应链资源的回收再利用。

1. 制造业低碳转型亟须数字化赋能

（1）资源、能源和环境方面的诸多问题制约了我国制造业的发展

首先，由于我国工业化和城镇化的发展起步比较晚，因此目前乃至未来一段时间内，我国的能源需求量将越来越大，能源消费总量将持续增长，这将导致我国既难以改变能源结构，也难以降低能源强度，很难在保证经济快速稳定发展的同时实现低碳发展。

其次，随着全球工业领域快速推进减排降碳，绿色低碳的工业产品将逐渐成为市场中的主流，未来可能会有越来越多的发达国家针对碳排放密集型产品的进口征收碳关税，导致我国工业产品出口受限。

最后，我国制造业本身存在产能过剩、资源利用不充分、产品结构不合理、工业化水平不高、工业产品的单位碳排放量高等诸多问题。总而言之，资源、能源和环境方面存在的问题极大地限制了我国制造业的发展，尤其是制造业的绿色低碳发展。

（2）数字化赋能制造业低碳转型具有精确性、时效性以及全流程系统性的优势

数字技术能够为制造业赋能，促进数字经济与传统制造产业融合，加快产业变革速度，助力我国经济实现高质量发展。数字化是推动制造业更快实现低碳发展的重要力量，具体体现在以下几个方面：

- 数字化技术和数字化应用能够大幅提高制造业获取、处理、传输、分析和应用碳管理相关数据的效率和准确性；
- 制造业可以利用数字化实现从源头到末端的系统性、全过程降碳及控碳；
- 数字化技术和数字化应用是帮助制造业企业实现自主碳排放管理的重要工具；
- 数字化技术具有大数据监测功能，可以辅助相关政府部门对制造业企业的实际碳排放情况和能源消耗情况等进行监测，从而充分掌握企业的整体运行情况。

现阶段，如何利用数字技术推动产业实现低碳发展已经成为世界各国研究的重点问题。根据全球电子可持续发展推进协会（Global e-Sustainability Initiative，GeSI）发布的《SMARTer2030》预测，未来十年内数字技术能够通过为其他行业赋能的方式降低各行各业的碳排放量，且利用数字技术减少的碳排放量将会占全球碳排放减少量总数的20%。2021年2月，美国通过参与和落实《巴黎协定》加入碳减排行列，并通过政策支持、资金支持等方式推动碳中和目标的实现，同时将数字技术与各个行业的融合作为实现二氧化碳净零排放目标的重要手段。

2. 数字化赋能制造业低碳转型的主要路径

（1）赋能产品全生命周期管理与碳足迹追踪分析评价

产品全生命周期管理是通过优化产品从获取原材料到淘汰报废，甚至废物处理整个过程中的各个流程和各项工艺，量化各个工艺流程中的碳排放，并将环境因素纳入产品设计当中等方式来促进节能降碳。

生命周期评价（Life Cycle Assessment，LCA）报告可以全面呈现出产品从原料投入到报废处理整个过程的环境负荷，是国际通用的绿色产品统一认证材料。对于工业领域的各个企业来说，完成产品生命周期评价认证是解决产品出口所面临的绿色贸易壁垒和碳关税问题的关键。

对产品的全生命周期进行评价需要采集并计算海量数据，而且需要对计算结果进行评估，在这方面，大数据技术凭借强大的计算能力表现出了突出的优势。大数据技术应用于产品生命周期评价既能够全方位跟踪产品碳足迹，全面采集产品全生命周期的碳排放数据并搭建数据库，也能够提高数据计算的效率和精度，让最终评价结果具有更高的可信度和应用性能。

以建材行业为例，绿色制造集成应用大数据平台等数字工具能够帮助建材行业采集和存储不同来源、不同格式的数据，并利用碳计算模型对各项数据进行关联分析和计算，从而得出各类产品在使用不同工艺时的单位产量的碳排放量。与此同时，建材企业还可以通过对各项生产工艺和生产方案进行对比优化来调整碳减排步骤，以便更快实现产品生产过程的低碳转型。

（2）赋能生产过程控制，降低能耗物耗

石油、化工、钢铁、建材、采矿等流程制造业是国民经济的支柱和基础产业。在“双碳”背景下，这些产业亟须提高产品质量、能源利用率、信息集成度、生产工艺水平、生产自动化水平等，以提高生产总效能和综合竞争力，实现节能减排。

人工智能、工业机器人等数字工具的应用可以有效提高流程制造业企业在生产工艺、物料调度、设备操控等方面的水平，同时也可以提高整个生产流程的智能化程度，实现对生产过程的优化控制，进而达到节能降耗的目的。除此之外，数字技术和数字工具还能帮助企业更加充分地利用技术和机器设备，减少产品生产环节的人力成本支出，从而节省生产成本。就目前来看，数字技术已经成为推动各个行业快速实现数字化转型的关键技术，而数字化又能够推动企业实现高质量、可持续发展。

以冶金行业为例，矿浆品位智能检测技术、矿浆粒度智能检测技术和矿浆酸碱度智能检测技术的应用大幅提高了选矿设备的性能，可以辅助冶金企业提高自身在参数检测和参数控制方面的能力，获得更加精准的数据。例如辽宁排山楼金矿利用数字技术为选矿设备赋能后，不仅实现了智慧选矿、智慧采矿等功能，有效提高了精矿品位，还实现了节能降耗，大幅减少了物料消耗。

（3）赋能能源管理与碳排放监测管理

制造业具有能耗计量点多、能源介质类型丰富、能耗计量点分布不集中等特点，制造业企业使用人工进行能耗计量的能源管理方式难以满足能源管理在及时性和高效性方面的需求。为了解决这一问题，制造业企业需要借助各种数字技术提高能源管理效率，进而实现对数据的有效分析。

制造业企业可以利用数字化能碳管理系统对生产过程中的水、电、气、热等能源介质消耗数据和碳排放数据进行自动采集，利用数字化、智能化的手段对整个生产流程进行分析处理，找出可以优化能效的环节，并定期生成图表分析结果，为整个生产流程用能方案的优化升级提供科学指导。

例如，化工企业可以利用能碳管控系统实时采集和分析产品在整个生产流程中的数据信息，并以此为依据构建数据模型，实现对温度、时间、压力、压差、物料流量、原料转化率和热交换器传热系数等指标的实时监控，从而对产品生产流程的能耗情况和碳排放情况进行精准预测，同时还可以借助人工智能算法进一步分析和优化用能方案，在节能降耗的同时大幅提高用能效率，构建完整有效的能源管理体系。

（4）赋能供应链资源回收利用

现阶段，我国工业废弃物回收存在许多不足，例如产业管理缺位、交易信息不对称、加工设备不合格、资源报价透明度低、废旧资源再生利用率低、回收网络体系专业度低等，导致我国工业资源的综合利用率不高。

为了解决上述问题，我国工业废弃物回收行业需要借助大数据、物联网、人工智能等数字技术实现转型升级。具体来说，工业废弃物回收行业可以借助数字技术搭建能够连接废弃物回收、废旧资源处理和废旧资源再利用等多个产业的废旧资源信息服务平台，实现交易信息在各个环节的实时共享，让整个产业链上的企业可以利用更加完整的废旧资源回收处理链条实现更加高效的废旧资源交易。不仅如此，在数字技术和数字工具的支持下，工业废弃物回收行业还可以提高资源分类的效率、准确率以及回收信息的透明度，让各方参与主体能够及时掌握相关信息，从而促进资源回收利用行业走向智能化、绿色化。

以废钢回收大数据平台在资源回收利用行业的应用为例，资源回收利用行业的企业可以通过该平台及时了解资源的价格等信息，并对相关资源进行定位、预约回收、物流追踪、智能化资源判级、智能化资源分拣，还可以在平台上学习相关知识，进而提高生产质量，并推动短流程炼钢工艺水平的快速提高。

合理布局，优化工业产能空间

根据环境库兹涅茨曲线，一个国家或地区的经济发展水平与碳排放之间存在一定的规律。经济发展初期，碳排放水平比较低；随着经济发展水平不断提升，碳排放量也会持续增加；当经济发展到一定程度时，碳排放会达到一个峰值，随后会持续下降。在这个过程中，碳排放达峰以及下降通常是通过产业结构优化调整来实现的。一般情况下，重化工业的碳排放水平比较高，高端制造业或轻工业碳排放水平比较低，在经济发展到一定程度后，重化工业的占比会不断下降，高端制造业的占比会逐渐提升，从而达到工业碳减排的目的，并最终实现工业碳中和。因此，合理优化工业布局、变革工业产能空间对实现工业碳中和至关重要。

在我国，区域经济发展呈现出区域发展不充分、东中西部发展不均衡、南北发展差异大的特点，因此，我国想要全面实现工业碳中和，需要根据不同地区的经济发展规律和发展现状，结合当地的地形地势特点以及用能情况，制定合理的碳减排政策，分区域推进地区碳中和。从区域经济发展的生命周期来看，我国工业发展不充分的区域主要有以下三类，如表 1-2 所示。

表 1-2　我国工业发展不充分的三类区域

区域	分布范围	主要表现
工业化水平比较低的区域	主要分布在西部、中部和东北地区，东部极少数地区也存在这类区域	这类区域的经济发展水平处于区域经济生命周期的起步阶段，经济发展仍以农牧业为主，基础设施较为落后，严重缺乏现代化经济发展特色，经济发展节奏缓慢，呈现出较强的封闭性和滞后性
工业化水平比较高的区域	主要分布在北京、上海、广州、深圳等大城市	这类区域的经济发展水平处于区域经济生命周期的高速发展阶段，经济发展呈现出比较强的现代化特色，工业基础相对雄厚，但工业发展质量却有待提升，存在泡沫经济的风险

续表

区域	分布范围	主要表现
具有一定工业基础但工业发展前景渺茫的区域	主要分布在东北地区，随着经济的持续发展，未来这类区域将不断增加	这类区域通常在早期发展较为迅速，但受限于资源和生态环境，工业逐渐成为夕阳产业，变革产业结构、调整产业布局也无法改变这一现状

为实现工业经济可持续、高质量发展，避免夕阳产业区域持续增加，我国工业领域要不断优化工业产能空间布局，综合考虑各区域的能源禀赋、能耗情况、区域经济发展目标、生态环境、技术水平等因素，结合区域碳中和目标，优化产业发展布局，必要时可以推动产业转移，进而推动区域经济实现持续、健康、绿色、高效发展。

第 2 章
钢铁行业：“双碳”目标下的低碳转型

“双碳”背景下钢铁行业面临的问题

钢铁工业是我国国民经济的重要基础产业，是建设现代化强国的重要支柱，也是高耗能和高碳排行业。根据世界钢铁协会和智研咨询的数据，2021 年，我国连铸钢产量为 1018.2 百万吨，占全球总量的 52.9%。《中国钢铁工业节能低碳发展报告（2021）》则指出，我国钢铁工业碳排放量在全球钢铁工业碳排放量中的占比已经超过 50%，占国内总碳排放量的比重也已经达 15% 左右，钢铁行业的碳排放量在我国所有工业行业中位居首位。因此，我国需要高度重视钢铁产业的碳排放问题，采取措施推动钢铁产业快速实现碳达峰、碳中和。

钢铁行业是我国所有制造业门类中碳排放量最大的行业，也是我国国民经济的重要基础性产业，推动钢铁行业节能减排实现高质量发展需要对各个方面的问题进行综合考虑。

1. 产能产量双控方面

近年来，我国粗钢产量持续增长，仅依靠产能控制已经难以实现对国内钢铁产量的有效调控，面对钢铁产业经常出现供过于求的情况，必须从产能和产量两个方面入手进行调控。一方面，钢铁行业既要坚决遏制钢铁项目盲目建设，严禁新增钢铁产能，也要持续强化巩固去产能成果，大力推进行业绿色低碳发展；另一方面，钢铁行业要进行严格的产量调控，尤其是现阶段我国钢产量已进入峰值平台区，更应严格约束抑制产量扩张。产能产量双控的落实有助于稳定钢材市场，提高钢铁行业的经济效益，进而推动钢铁行业实现高质量发展。

2. 低碳发展方面

钢铁是资源、能源密集型产业，因此能源产业的格局变化将会对钢铁产业格局重构产生直接影响，会大幅提高钢铁产业节能减排的困难程度。具体来说，我国钢铁产业在推进节能减排工作的过程中主要面临着以下几项挑战：首先，钢铁行业的能源结构具有高碳化的特点，以煤和焦炭为主要能源的生产工艺长期占据主导地位，煤和焦炭的投入约占总能源投入的90%；其次，粗钢产量大，我国钢产量已连续26年位居世界首位；再次，我国钢铁企业多，各个企业的生产水平良莠不齐；最后，碳排放与能源燃烧、生产工艺等多个方面有关，其中的机理十分复杂。

3. 资源保障方面

国务院发展研究中心指出，我国是铁矿石进口大国，铁矿石对外依存度高达82.3%。我国的铁矿石进口贸易需求量常年处于高水平，据中国海关总署和同花顺iFinD的数据显示，2021年，我国铁矿石总需求为14.22亿吨，铁矿石进口量为14.24亿吨，其中80%进口铁矿石来自澳大利亚和巴西。除铁矿石外，我国每年还需要进口大量优质锰矿、镍矿和铬矿等资源，难以在短时间内打破目前以煤为主的能源结构。

在未来一段时间内，煤炭仍旧是我国能源安全和经济平稳运行的重要支撑。我国能源产业重构需要通过逐步降低煤炭消费比重的方式来减少煤炭消费，调整能源结构，不能直接停产。

4. 钢材进出口方面

2016年5月，中国钢铁工业协会发布《中国钢铁工业发展报告（2016版）》，明确指出我国钢铁工业以满足国内需求为目的，不鼓励钢铁产品大量出口。不仅如此，我国还采取加征钢铁产品出口关税、下调钢铁产品出口退税率等手段限制钢铁产品出口。冶金工业规划研究院指出，我国在钢铁进出口方面存在出口附加值低的钢材、进口附加值高的工业制造设备的现象，需要减少钢材出口，并大力发展相关技术，提高钢材的利用率。

5. 标准化方面

截至目前，我国针对钢铁产业已经制定的国家标准、行业标准、军用标准和团体标准等标准大约有3000项，基本形成了较为完整全面的标准体系，但钢铁产业标准化工作仍旧存在许多不足，例如标准有效供给不足、企业标准化意识较弱、国际影响力较弱等。2021年9月，中国钢铁工业协会和冶金工业信息标准研究院联合召开《工业领域碳达峰碳中和标准体系建设指南》研讨会，进一步完善钢铁产业的低碳标准体系，力图借助标准的力量来加快推进工业领域实现绿色低碳发展。

6. 智能制造方面

近年来，我国钢铁行业持续在工业化和信息化的融合建设中投入大量精力和资源，但现阶段，冶金行业在“两化”融合方面还未达到制造业的平均水平。据《中国两化融合发展数据地图（2020）》数据显示，2020年我国冶金行业两化融合指数为54.3。2021年第一季度的统计数据显示，我国刚刚开始“两化”融合的冶金企业占比为25.4%，发展至单向覆盖阶段的冶金企业占比为53.3%，也就是说，未完成系统集成的冶金企业占比约为80%。由此可见，我国想要推进钢铁产业实现高质量发展和智能制造，还要经过长期的奋斗。

7. 电气化和氢能应用方面

电炉短流程炼钢工艺可以以废钢为原材料炼钢，与传统的以铁矿石为原材料的炼钢工艺相比，电炉短流程炼钢不仅在原材料上占据了优势，而且能够减少碳排放。也就是说，钢铁工业电气化能够有效推动钢铁产业实现低碳转型。但发展电炉钢还需要完善的电力和废钢资源等支撑条件，需要提高电炉炼钢的适用性和经济性。除此之外，氢能是可持续发展的清洁可再生能源，氢能的利用既能够推动我国能源体系向清洁、低碳、智慧化的方向转型，也能促进钢铁产业低碳发展，因此我国还应重视氢冶金技术的发展和应用。

钢铁行业低碳转型的战略思考

能源转型的关键在于优化能源结构，大力发展可再生能源来代替化石能源，形成以非化石能源为主、多能源并存的能源系统，进而全方位提高用能效率。各行各业应以绿色低碳为发展方向，加大电能替代和电气化改造的力度，建设绿能替代、多能互补的综合能源利用体系，进而实现节能减排和能效提升。

随着能源结构的不断变化，未来的能源需求和能源服务将向多元化、综合化发展，能源系统需要接入更加多样的能源，并提高能源调度的灵活性，因此未来的能源系统需要具备更高的数字化、智能化水平。能源系统的转型优化并非一日之功，能源结构的调整需要以社会经济的稳定发展和能源供应的安全为前提，零碳转型也需要以碳中和目标为基础。

2016 年 4 月，全球 178 个国家和地区共同签署了《巴黎协定》，针对气候变化提出了“将全球升温幅度控制在 2℃以内”的目标。为实现《巴黎协定》提出的目标，2020 年 10 月，国际能源署（International Energy Agency，IEA）发布《全球钢铁行业技术路线图》，该报告指出，钢铁行业应通过大力发展低碳技术和提高材料利用效率来减少能源损耗和碳排放，进而实现可持续发展。

除此之外，欧洲钢铁工业联盟（the European Confederation of Iron and Steel Industries，EUROFER）提出了“到 2030 年欧洲钢铁工业碳排放量比 2018 年减少 30%，到 2050 年相较于 1990 年减少 80% ～ 95%”的减碳目标；日本铁钢联盟（Japan Iron and Steel Federation，JISF）提出了“到 2050 年日本钢铁行业实现炼铁工序温室气体零排放，碳排放量减少 30%”的减碳目标；2022 年 1 月，我国工业和信息化部、国家发展和改革委员会、生态环境部联合发布《关于促进钢铁工业高质量发展的指导意见》，明确提出了“到 2025 年，80% 以上钢铁产能完成超低排放改造，吨钢综合能耗降低 2% 以上，确保 2030 年前碳达峰”的减碳目标。但由于不同国家的发展水平、能源结构和产业结构不同，各个国家实现节能降碳的难度也各不相同。

为了尽快实现碳减排目标，2022 年 6 月，我国工业和信息化部、国家发展改革委、财政部、生态环境部、国务院国资委和市场监管总局六部门联合印发《工业能效提升行动计划》，借助统一的行动计划对各个工业领域的降耗减碳进行指导。具体来说，我国钢铁产业可以从以下六个方面入手实现减碳目标。

- 加快建设绿色发展体系，提高绿色布局的合理性。绿色布局有助于减少无效碳的排放，而绿色布局和绿色体系协同作用能够进一步减少碳排放。

- 全面推进节能工作，提升综合能效水平。在钢铁行业大力发展和使用高效节能技术，尤其是智能化、数字化的节能新手段，能够提升整个行业的能效水平，有效减少碳排放。
- 优化用能方案，调整用能流程结构。钢铁行业可以根据业务需要和节能减排目标不断优化用能方案，采取发展新能源、发展可再生能源、优化原燃料结构、回收利用废钢资源、加速提升电炉钢比例等多种手段实现减碳目标。
- 大力发展循环经济，打造循环经济产业链。钢铁产业具有较强的产业关联性，可以与建材、化工等各个产业建立循环经济产业链，并通过产业链之间的有机结合和区域能源整合助力各个行业实现绿色高效发展，提高固废资源综合利用率，全面减少碳排放。
- 推动低碳技术创新，加强突破性低碳技术的应用。钢铁行业可以通过加强对氢冶炼工艺、碳捕集利用和封存技术、氧气高炉及非高炉冶炼等突破性低碳技术的应用来减少各生产环节的碳排放，同时也要不断进行技术创新，推动各项突破性技术实现应用。
- 重视制度的支撑作用，建设并不断完善相关的政策体系。钢铁产业应建立健全碳交易市场标准体系，明确碳减排目标，具体来说就是要遵循公平原则设计科学合理的碳交易市场管理模式，及时掌握碳税的变化情况，对碳税变化对钢铁贸易和钢铁行业低碳发展带来的影响做出精准预测，确保碳市场价格的合理性和碳配额分配的公平性。

现阶段，高炉—转炉长流程是我国钢铁行业的主要生产方式，其中煤基化石能源是钢铁生产的主要燃料，而这些化石燃料的燃烧会产生大量二氧化碳等温室气体，并对生态环境造成严重污染。钢铁行业可以通过碳交易市场建设解决能源环境的外部性难题，具体来说，碳交易市场中的碳成本传导可以影响钢铁市场的产品定价模式和成本收益结构，同时，碳交易市场还可以充分发挥市场机制的优化配置作用，促进资金向低碳领域流动，进而推动能源消费和产业结构实现低碳发展。

钢铁行业实现碳中和的路径

钢铁行业走向碳中和不仅要推进最为基本的能源节约和环境保护工作，更要实现冶炼技术的突破、生产原料的调整、配套设施的完善以及生产方式的优化创新。

1. 由高炉—转炉法转向电弧炉冶炼法

现阶段，我国钢铁行业生产粗钢时大多使用高炉—转炉炼钢的方式，这种方式具有能耗高、碳排放强度大的缺陷，而电弧炉短流程炼钢可以用电力代替煤基化石能源，实现“近零碳排放”，因此我国钢铁行业可以通过将原本高碳排的钢铁生产线调整为低碳排的电弧炉生产线的方式来达到减少碳排放的目的。2022 年 1 月，我国工业和信息化部、国家发展和改革委员会、生态环境部联合发布《关于促进钢铁工业高质量发展的指导意见》，提出到 2025 年，电炉钢产量占粗钢总产量的比例提升至 15% 以上。

钢铁行业在推广使用电弧炉冶炼法的同时还需保留并使用高炉—转炉法等以铁矿石为原料的炼钢工艺。一方面因为电弧炉冶炼法是一种以废钢为原料的炼钢方式，需要钢厂为其供应废钢；另一方面因为钢材使用损耗和废钢资源无法完全回收等问题会导致废钢资源越来越少。也就是说，钢铁行业需要通过利用高炉—转炉法冶炼铁矿石来解决钢材损耗造成的钢材资源不足的问题。

2. 在冶炼过程中使用可再生能源

钢铁生产需要消耗大量电能，因此钢铁行业的发展对电力有着极强的依赖性。目前，基于化石能源的火力发电是我国主要的发电方式。根据国家统计局公开信息显示，2021 年，我国火电、水电、风电、核电的占比分别是 71.13%、14.60%、6.99% 和 5.02%。由于火力发电的碳排放量较大，因此钢铁行业需要通过升级发电技术、优化发电系统、使用清洁能源等方式来降低碳排放。具体来说，钢铁企业可以采取多种手段提高自发电比例，提高清洁能源的使用比例，在水能、风能、太阳能等清洁能源丰富的地区建设发电站，以清洁能源代替化石燃料发电。

随着炼钢技术不断取得突破，未来，钢铁行业可以使用氢能等可再生的非化石能源代替煤、石油和天然气来冶炼钢铁。2021 年 8 月，瑞典钢铁公司（Swedish Steel AB，SSAB）宣布生产出世界首批无化石燃料冶炼的钢材。从炼钢工艺上看，SSAB 以可再生能源电解水制得的绿氢为燃料，以氢还原冶炼技术为主要工艺实现了氢能炼钢，这种冶炼方式能够有效解决化石能源燃烧带来的碳排放问题。目前，国内部分钢铁企业也已经开始进行氢能炼钢实践。

3. 提升生产配套设施绿色水平

钢铁生产不仅限于钢铁冶炼，还包括原料采购、物流运输、产品验收、库存管理等诸多环节，因此推动钢铁行业实现碳中和不仅要优化生产技术，提高生产水平，也要完善各项相关配套设施，提高钢铁生产各个环节的环保水平。

以物流运输为例，钢铁产业沿江沿海布局可以充分利用水路运输铁矿石等生产原料，从而减少运输环节的碳排放。除此之外，因为现阶段我国的钢铁消费集中分布在沿海地区，所以钢铁产业沿海布局还可以减少不必要的物流运输，进而减少钢铁消费环节的碳排放。

不仅如此，钢铁企业还可以利用各种数字技术和智能应用实现钢铁生产全流程管理的优化升级，全方位促进节能提效。以宝钢股份为例，宝钢股份在四大基地钢铁生产的整个生产流程中应用系统节能技术、节能低碳流程衔接技术和工艺源头节能减排技术等清洁生产技术，推动钢铁生产全流程低碳化。

4. 针对钢铁生产特点开发应用 CCUS 技术

碳捕获、利用与封存（Carbon Capture，Utilization and Storage，CCUS）技术能够对二氧化碳进行提纯、循环再利用，将二氧化碳资源化，充分发挥二氧化碳的经济价值。因此，当钢铁行业出于成本和技术等方面的考虑保留化石能源炼钢时，可以利用 CCUS 技术来处理钢铁生产过程中排放的二氧化碳，在充分利用二氧化碳资源的同时减少碳排放，实现碳中和。

现阶段，CCUS 技术还处于发展初期，存在高能耗、高成本等不足，难以实现大范围普及应用。未来，钢铁行业可以升级 CCUS 技术，研发符合钢铁生产要求的相关技术与应用，充分利用钢铁生产各环节产生的二氧化碳，同时也可以通过推进 CCUS 技术在化工、能源等相关产业中的应用来实现二氧化碳的全面回收，从而最大限度地实现二氧化碳的循环再利用。

5. 购买“森林碳汇”

“森林碳汇”就是通过植树造林、退耕还林等方式扩大植被覆盖面积，利用植物吸收大气中的二氧化碳并将其固定在土壤中，从而降低大气中的二氧化碳浓度。根据《京都议定书》，森林碳库所存储的碳汇具有一定的经济价值，并且可以直接交易。因此，钢铁企业可以通过购买森林碳汇的方式来获取碳排放权，利用森林碳汇来抵消自身的碳排放，进而实现碳中和。但钢铁企业以购买森林碳汇的方式实现碳中和往往需要花费大量资金，并且随着碳抵消的需求量快速增长，森林碳汇可能会出现供不应求的情况，届时碳汇价格将大幅上涨。

国内外低碳冶金技术的发展与应用

近年来，我国工业快速发展，取得了很多惊人的成果，但同时也消耗了大量化石能源，向大气中排放了大量温室气体。冶金业是工业的一个重要领域，目前我国冶金工艺仍沿用传统的高炉—转炉模式，据粗略统计，在这种工艺模式下，每锻造 1 吨生铁需要消耗 350 千克焦炭和 150 千克煤粉，排放 1.18 吨二氧化碳，既不利于自身的持续发展，也不符合“双碳”目标的要求。因此，研发低碳冶金技术、实现低碳转型成为当前冶金领域的重点任务。

1. 国外低碳冶金技术的发展

为了实现低碳减排，国外很多发达国家或地区已经开始了低碳冶金技术的探索，并取得了不错的成果，目前国际上公认发展前景较好的低碳冶金项目有日本 COURSE50 计划、欧洲超低二氧化碳排放炼钢工艺 ULCOS 项目、瑞典 SSAB 公司突破性氢能炼铁技术（HYBRIT）项目、德国 Carbon2Chem 项目等，这些项目围绕低碳减排的战略目标，不断探索低碳冶金路径，致力于实现绿色发展。

（1）日本 COURSE50 项目

日本 COURSE50 项目将氢作为还原剂用于高炉炼铁，代替了部分焦炭，并逐渐演变成氢还原炼铁法。在炼铁过程中，氢气燃烧的产物是水，用氢代替焦炭能够大幅减少二氧化碳的排放量，很好地契合了制造业低碳转型的发展路线。该项目首先在新日铁住金君津厂的一个小型炼铁高炉内进行试验，将高炉内的煤气进行替换，并利用高炉风口进行喷吹，最终通过炉体拆解研究发现，氢气代替焦炭进行还原炼铁是较为可行的方法。该项目预期降低 10% 的碳排放，并计划于 2030 年实现氢还原制铁技术的落地，于 2050 年在日本全国的高炉炼铁中普及该技术，以全面实现高炉碳减排的目标。

（2）欧洲 ULCOS 项目

欧洲 ULCOS 项目围绕低碳高炉炼铁，研究了炉顶煤气循环工艺（TGR-BF）。该工艺首先使用纯氧代替传统预热空气进行全氧喷吹，然后在炼铁过程中对排出的气体进行收集和处理，并使用 CCUS 技术对二氧化碳进行分离、捕集和储存，再将富集的二氧化碳通过高温的方式还原成一氧化碳，最后将一氧化碳作为还原剂再次投入使用，从而实现炉顶煤气循环利用，最终达到减少碳排放的目标。根据相关数据显示，TGR-BF 工艺的最佳减排效果可以实现 26% 的碳减排，并且该工艺操作简便，具有极强的稳定性和安全性，是一种绿色高效的高炉炼铁技术，对未来高炉炼铁碳减排计划的落地具有重要意义。

（3）瑞典 SSAB 公司 HYBRIT 项目

HYBRIT 项目是在 ULCOS 项目的基础上进行的进一步研究，主要研究利用氢的直接还原工艺。由于氢气被视为最清洁的能源，并且制造氢气的原料属于非化石能源，氢气制造和使用过程都不会产生污染，因此，该项目试图使用氢的直接还原工艺达到碳减排的目的。该工艺首先利用氢与铁矿石进行反应，得到直接还原铁（Direct Reduction Iron，DRI），再通过高温煅烧等方式将直接还原铁与废钢进行混合加工，完成炼铁，或者将直接还原铁制成热压块铁进行销售或储存。该项目利用氢代替焦炭作为还原剂，旨在同时实现碳减排和降本增效，最终实现绿色炼铁。

（4）德国 Carbon2Chem 项目

Carbon2Chem 项目将炼铁过程排放的气体进行收集处理，利用先进的技术将废气中含有碳、氮、氢等元素的气体分离、提纯、转化，再通过化学反应生成各类初级化工产品，如甲醇、氨气、各类聚合物等。在这些初级化工产品生产的过程中，传统的生产方式通常需要消耗大量的煤炭、天然气等化石能源，不仅污染严重，而且违背了可持续发展原则。而 Carbon2Chem 项目的工艺能够实现钢厂废气资源化，节约此类化工产品生产所需的原料和资源，同时还可以大幅减少碳排放，具有效率高、环境友好等优势。

近年来，该项目不断投入实践，并取得了不错的成果，如在 2018 年 9 月份，该项目首次利用钢厂废气生产出甲醇；2019 年 1 月，该项目在全球范围内首次完成了钢厂废气生产氨。该项目的负责人曾表示，目前全球有 50 家左右的钢铁企业满足 Carbon2Chem 项目的条件，项目负责人已经开始与这些钢铁企业联系，并计划开展合作。未来，该项技术可能会被广泛应用于更多的二氧化碳密集型行业，有望在全球范围内实现低碳减排的目标。

2. 我国低碳冶金技术的发展

在全球追求"碳达峰""碳中和"目标以及低碳冶金技术快速发展的背景下，我国钢铁企业也在积极开展相关探索，很多大中型钢铁企业已经取得了不错的成绩，下面对几个比较典型的项目进行具体分析。

①河钢集团与意大利特诺恩集团合作，利用世界最先进的制氢技术和氢还原技术大力发展氢冶金技术，同时联合中冶京诚工程技术有限公司，建立了用于河钢宣钢转型升级项目的氢冶金示范工程，该工程规模高达 120 万吨，在全球范围内属于首例。

②京华日钢控股集团有限公司与中国钢研科技集团有限公司开展合

作，围绕氢冶金和高端钢材制造签订了《年产50万吨氢冶金及高端钢材制造项目合作协议》。该项目利用先进技术打造“氢冶金全新工艺—装备—品种—用户应用”的产业链条，并结合冶金联产循环经济、现代化工等理论和技术体系，建设具有中国自主知识产权的首台（套）年产50万吨氢冶金及高端钢材制造生产线。该生产线投入应用将大幅降低冶金领域的二氧化碳排放量，对实现绿色冶金具有重要意义。

③中国宝武、中核集团和清华大学开展合作，将核能技术应用于冶金制造，并对创新技术链与产业链的融合展开探索，最终研发出煤基氢冶金工艺。这项工艺的冶金流程比较短，水循环及水处理设施规模比较小，应用于钢铁冶炼能够大幅降低烟气排放次数和规模，并且可以有效节约能耗，很好地满足低碳冶金的要求。

第 3 章
能源化工：全球能源化工企业的转型情况

为减少二氧化碳等温室气体的排放，2020 年 9 月，我国明确提出“3060 目标”[1]，并积极制定相关行动方案抑制碳排放的增长。与此同时，我国能源化工企业也以“3060 目标”为中心展开转型工作。

2021 年 11 月，第 26 届联合国气候变化大会（COP 26）在英国格拉斯哥召开，在此次大会上，各国达成共识，要将全球平均气温升幅控制在 1.5℃以内，并签署了《格拉斯哥气候公约》。

在全球控制碳排放的大背景下，各行各业，尤其是能源化工等高碳排行业的企业，亟须实现低碳转型。从经济结构、能源结构等方面来看，煤化工企业属于高碳排放企业，具有碳排放强度大、浓度高等特点，因此煤化工企业的低碳转型难度非常大。目前，我国煤化工企业的生产规模和技术装备水平均处于世界领先水平，难以从其他国家获取有效的低碳转型经验。

由于煤化工与石油化工关系紧密，因此，我国煤化工产业在低碳转型的过程中可以参考国内外大型能源化工企业的低碳转型方案，汲取经验，并结合自身的实际情况创造出适用于自身的转型方案。

下面我们对欧洲、美国和我国部分能源化工企业以及具有代表性的煤化工企业的转型战略和方案进行分析。

---

[1] “3060 目标”指应对气候变化，要推动以二氧化碳为主的温室气体减排，力争 2030 年前实现碳达峰，2060 年前实现碳中和。

欧洲能源化工企业低碳转型的发展路径

在欧洲能源化工企业的低碳转型方面，我们主要以道达尔能源公司（Total Energies）、英国石油公司（BP）、巴斯夫股份公司（BASF SE）、荷兰皇家壳牌集团（Royal Dutch Shell）等企业为例进行分析。下面我们来总结一下欧洲能源化工企业低碳转型的具体措施。

1. 推动电气化革命，发展低碳能源

电气化和去碳化是欧洲能源化工企业推进低碳转型工作的关键，具体来说，欧洲大部分能源化工企业都采取削减油气业务、增加可再生能源投资的方式来丰富自身的能源供给结构，并逐步转型为综合能源企业。

例如，道达尔制定了详细的碳减排方案，并提出了明确的碳减碳目标，到2025年将可再生能源总发电能力提升至350吉瓦，到2030年将可再生能源发电能力提升至1亿千瓦。2020年8月，BP发布十年战略，提出将低碳能源领域的年投资额增加到约50亿美元、可再生能源发电装机容量增长到约50吉瓦等的目标。壳牌也提出一体化电力业务目标，提出到2030年将电力年销售总量提升至560万亿千瓦时，并将传统燃料的产量减少55%。

2. 优化充电网络布局和氢能布局

在优化充电网络布局方面，BP和壳牌等企业大力发展汽车移动充电业务，并通过建设充电网络来获取虚拟电厂身份，从而利用各类先进技术打造聚合了多种分布式能源的新型本地能源系统，进而实现对分布式能源的灵活分配和控制，提高各种分布式能源的利用率。

在氢能布局方面，BP在十年战略中提出，要在十年内占据全球氢能市场份额的10%。2020年，BP与丹麦沃旭能源联合宣布将合作开发绿氢项目，除此之外，BP还与Lightsource等多家企业合作，积极推进绿氢项目建设。壳牌也制定了涉及氢能的能源转型战略，并表示到2030年将全球绿氢销售市场份额提升至两位数，将绿氢生产能力提升至400万千瓦。目前，壳牌已建设各类加氢站70座左右，还将与三菱、Equinor等企业合作建设绿氢生产中心，与沃尔沃集团、戴姆勒卡车、依维柯等企业合作生产氢动力燃料电池卡车。

3. 推动传统油气化工业务的绿色低碳转型

欧洲能源化工企业以天然气等低碳原料代替原油等高碳排原料，并提高低碳原料在当前石化业务原料结构中的比例，希望通过这些方式减少碳排放。

例如，壳牌将天然气和化工业务作为公司实现绿色低碳转型的重要业务，并制定了明确的低碳战略，提出到2030年将化学产品每年新增收入提升至10亿～20亿美元。巴斯夫充分利用自身的一体化体系和余热回收梯级利用技术实现物料和副产品的内部循环利用，通过提高资源利用率有效减少了在原料、能源和物流方面的支出。与此同时，巴斯夫还通过绿电交易等方式提高可再生能源使用比例，不仅有助于提高产能，还能够有效减少碳排放。

4. 系统化推进低碳战略落地

欧洲大型能源化工企业针对自身的转型需求制定了明确的低碳战略，

对低碳转型目标、投资计划、绩效考核、内部结构等做出了全方位、系统化的安排。

例如，道达尔每年都会制定气候战略，明确表示将会在2050年之前实现碳中和，并将相关生产的碳排放降低60%。与此同时，道达尔还在新能源领域布局，力求在2050年之前将能源结构调整为油品占20%、天然气和氢占40%、电力占40%。2020年2月，BP发布了企业转型愿景，预计到2050年实现碳中和，并积极推动低碳业务发展，在绩效考核中设置安全与环境指标，权重分别占20%和10%。

壳牌确立了在2050年之前成为零碳排放能源企业的目标，并投资发展氢能、生物燃料、可再生能源等低碳能源和移动充电，扩大低碳和可再生能源业务。除此之外，欧洲还有许多能源化工企业开始加速布局新能源业务，逐步转型为发电、天然气和可再生能源等多项低碳能源业务并重的企业。

美国能源化工企业低碳转型的发展路径

在美国，我们主要以埃克森美孚公司（Exxon Mobil Corporation）、雪佛龙股份有限公司（Chevron Corporation）等企业为例对北美地区能源企业的低碳转型路径进行分析。下面我们来总结一下美国能源化工企业低碳转型的具体措施。

1. 充分利用CCUS技术和外购绿电等手段

埃克森美孚将石油和天然气业务作为未来发展的重点业务，并将投资重心放在开发突破性的CCUS技术以及CCUS技术的大规模推广应用方面，同时综合运用二氧化碳驱油技术和CCUS技术，实现CCUS业务与当前油气业务的良好协同。目前，埃克森美孚在美国、澳大利亚和卡塔尔建设了许多CCUS项目，这些项目每年能够捕集900万吨二氧化碳。

为了减少碳排放，雪佛龙不仅大力发展和应用二氧化碳驱油技术，还对CCUS技术进行投资，试图利用CCUS技术捕集空气中的二氧化碳，将其转化成石灰石等建筑材料再次投入生产进行循环利用。与此同时，雪佛龙还在上游勘探开发业务中实行降碳计划，通过减少化石能源发电和购买利用风能、太阳能等可再生能源生产的电力等方式来减少碳排放，力求将上游业务未来7年的碳排放降低15%。

2. 积极开发地热能、生物质能等可再生的新兴能源

在地热能的开发和利用方面，雪佛龙认为投资发展地热科技可以改变可再生能源市场，因此积极投资地热企业。2021年2月，雪佛龙宣布投资加拿大地热公司Eavor，将地球的天然热能作为发电的重要能源。在生物质能源开发和利用方面，雪佛龙与微软、斯伦贝谢新能源（Schlumberger New Energy）和清洁能源系统公司（Clean Energy Systems）合作开发负碳生物能源，试图以农林废弃物为原料，通过燃烧、气化等方式利用其中的生物质能发电，并利用地下深层地质构造对整个过程产生的碳排放进行封存处理，封存率高达99%。

不仅如此，雪佛龙还利用可再生燃料技术生产生物质燃料，并收购了以生产生物质柴油和可再生柴油为主要业务的可再生能源集团（Renewable Energy Group，REG），提出扩大可再生柴油和生物质柴油的产量，在2025年之前实现全部在美国上市销售的目标。

3. 与欧洲相比，美国能源化工企业低碳转型的力度稍弱

在低碳目标方面，北美地区的能源化工企业只设定了未来几年的减

排目标，没有对实现碳中和的具体时间做出承诺。在低碳技术开发应用方面，北美地区的能源化工企业将研究和应用的重心放在CCUS、生物质能源等技术上，但只公开了部分投资计划。例如，埃克森美孚表示将加大对氢能、CCUS、生物燃料等业务的投资，其中重点投资CCUS业务，计划到2025年之前投资30亿美元用于开发CCUS等降碳技术，约占总投资支出的3%—4%，并为了推动碳减排技术的商业化专门设立了碳捕获专业技术部门。

我国能源化工企业低碳转型的发展路径

我国能源化工企业的低碳转型分析主要以中石化、中石油和延长石油集团为例，煤化工企业的低碳转型分析主要以山东能源、陕煤化集团等企业为例。下面总结我国能源化工企业低碳转型的具体措施。

1. 调整油化产品的产出比例，推动产业链实现“减油增化”

从我国当前的产业结构、能源结构等来看，我国经济发展对油气能源的需求较大，因此，石油和天然气仍旧是我国大部分石油化工企业在未来一段时间内发展的重点。

中石化提出构建“一基两翼三新”产业格局，并以此为中心构建绿色、低碳、高效的能源体系，逐步打牢油气资源基础，重视石油和化工业务，将“减油增化”作为企业的主要转型方向，大力发展碳纤维、合成橡胶、合成树脂、茂金属聚烯烃、BOPP丙烯弹性体等新材料。中石油在现有业务的基础上大力推动天然气业务高质量发展，并积极拓展航煤市场。

除此之外，我国国内的煤化工企业也开始积极探索符合自身产业现状的低碳转型道路，以各类副产品为中心推动各个项目不断向下游延伸产业链，提高产品的附加值，并进行技术优化和普及应用。例如，陕煤化集团革新煤炭利用模式，发展低阶煤分质利用技术；延长石油集团自主开发煤油共炼技术，充分发挥油、煤资源优势；山东能源和伊泰集团等企业不仅利用煤制油技术生产柴油，还不断向下游延伸，生产润滑油、特种油品、醇基新材料、氨基新材料、可降解塑料等高附加值产品。

2. 布局氢能、新能源、CCUS 等低碳业务

中石化将氢能产业作为推动企业快速实现低碳转型的重点，并在"十四五"期间规划建设了1000座加氢站，进一步加快氢能业务的发展速度，同时大力推进新能源项目建设，在"十四五"期间规划建设了400万千瓦风光能源，利用化学转化等手段加强二氧化碳的资源化利用。

为了推动企业实现绿色低碳转型，助力我国早日实现"双碳"目标，中石油确立了"清洁替代、战略接替、绿色转型"战略，围绕"六大基地"（大连西太平洋公司年产1000万吨炼油厂改造工程、大连石化年产2000万吨含硫原油加工改造工程、兰州石化和抚顺石化年产1000万吨炼油全面配套项目、独山子石化与长庆石化年产1000万吨炼油项目）和"五大工程"（太阳能、风能、地热、氢能、CCUS）加快推进新能源基地建设，并投资发展地热能等新能源业务，加快向油气热电氢综合性能源企业转型的步伐。

与此同时，中石油也在积极推动强化采油（Enhanced Oil Recovery，EOR）技术的大规模应用。目前，我国建成的EOR示范项目表现出极大的二氧化碳利用潜力，因此推广EOR技术有助于封存和利用更多二氧化碳。

我国煤化工企业不仅积极创新CCUS等各类降碳技术，大力推动节能减排工作，还与各个相关产业共同推动能源耦合发展。例如，宝丰能源投资建设绿氢与煤化工耦合示范项目，推动碳减排技术创新。与此同时，

我国其他化工企业也大力发展新能源业务，积极研究矿区采煤沉陷区、复垦区等场地的利用策略。

我国煤化工产业的绿色低碳发展对策

由于我国煤炭资源丰富，石油、天然气资源贫乏，因此自20世纪80年代起，我国大力发展现代煤化工产业，通过利用煤炭制取油品和大宗化学品的方式来满足我国经济发展对油气能源的需求。随着煤化工产业的快速发展和相关技术的不断进步，我国在煤制气、煤制油、煤制烯烃、煤制乙二醇等方面取得了重大进展，大幅提高了我国煤化工企业大宗化学品的制备能力。据相关数据显示，到2021年底，我国煤制油总产能达到每年823万吨，其中有效产能达到每年744万吨；煤制天然气产能达到每年61.25亿立方米，全年产量为44.53亿立方米；煤/甲醇制烯烃产能达到每年1672万吨，全年产量为1575.2万吨；煤制乙二醇产能达到每年803万吨，全年产量为322.8万吨。

气候变暖和能源转型为各国煤化工产业的发展带来了挑战。2021年10月，中共中央和国务院联合发布《关于完整准确全面贯彻新发展理念做好碳达峰碳中和工作的意见》，该文件指出应制定相关政策控制煤化工产业的产能总量。具体来说，煤化工产业的发展必须严格遵循相关控制政策中的产业规划要求，合理控制煤制油气及煤制烯烃的产能规模，严格控制“两高”（高耗能、高排放）项目建设，明确“两高”项目范围。由此可见，煤化工产业的低碳转型已经成为必然趋势。

总而言之，我国煤化工产业在推进低碳转型工作时需要在充分分析我国资源禀赋和自身发展现状的基础上，适当借鉴国内外大型石油化工企业的低碳转型经验，并对相关政策文件及市场环境等各项影响因素进行综合分析，同时也要以“双碳”目标为核心，进一步明确产业定位，不断升级产业发展模式，调整产品发展方向，充分利用各种先进技术和应用提高产业发展的精细化、智能化和智慧化程度，在发展中逐步明确转型方向，进而实现产业的绿色低碳发展。

1. 产业发展定位

煤化工产业如果要明确产业定位，则需要深入了解我国能源特点和化工产业能源转型难点，围绕“双碳”目标，精准把握“减污降碳”的内在规律，提高化工原料和产品供应的稳定性，充分保障能源安全。具体来说，首先，煤化工产业应推动煤炭能源利用向清洁化、高效化、规模化的方向发展，提高煤炭的综合利用效能；其次，煤化工产业应通过将煤炭转化为油品和化工原料来提高我国能源的丰富性，进一步完善我国的能源结构，确保国家能源安全和产业链完整；最后，煤化工产业的发展还能够大幅提高对碳纤维、特种油品、化工新材料等产品的创新能力和供给能力。因此，我国应在一定范围内为煤化工产业提供低碳发展空间和政策支持，重视盘存量、优增量，并严格遏制“两高”项目发展。

2. 产业发展模式

煤化工产业想要升级发展模式，必须在了解我国能源禀赋、能源结构和相关工艺的基础上推动产业低碳转型，削弱产业发展对煤和石油资源的依赖度，驱动产业升级创新。

一方面，现代煤化工产业要大力推进煤化融合发展，协调煤炭资源开发、转化等问题，切实提高煤炭资源的综合利用效能，完善煤炭市场的价格机制，防止出现严重影响产业发展的问题，除此之外还要充分利用资源开发的利润来推动煤化工科技快速发展，加快产业升级速度。

另一方面，现代煤化工产业应优化产业布局，建设包括上下游产业、原料供应产业、废物资源化利用产业等诸多相关产业在内的基地，实现基地化发展，减少在运输环节的成本支出，提高资源使用效率。例如，煤制乙二醇产业和煤制对二甲苯产业的联合能够打通煤基聚酯产业链，提高聚酯的生产速度。由此可见，煤化工产业可以通过集群发展提高产业建设质量，推动产业向深加工、精加工方向发展。

3. 产品发展方向

煤化工产业想要调整产品发展方向，解决“低端过剩、高端不足”的结构性问题，必须以市场需求和产业特点为依据，充分利用现有产业工艺推进产业基础高级化，产业链现代化以及产品的精细化、高端化，并在大幅提高工业增加值的同时控制单位加工能耗，具体策略如表 3-1 所示。

表 3-1　煤化工产业调整产品发展方向的五大策略

序号	具体策略
1	煤直接液化是清洁高效利用的重要途径，因此现代煤化工产业应大力开发高品质、特种用途的特种油品，并利用油煤渣开发高等级的沥青产品和碳素材料等
2	现代煤化工产业可以以煤为原料，利用各种工艺和生产装置制取烯烃等高附加值的化工产品，进一步提高煤炭资源的经济价值
3	现代煤化工产业可以利用煤间接液化技术提高化工产品比例，通过费托合成生产 α- 烯烃、Ⅲ + 类润滑油、高端费托蜡等更加高端、精细化的化工产品，进而提高产业的精细化水平
4	现代煤化工产业可以利用煤制取乙二醇，解决煤制乙二醇产品杂质含量高等问题，进而提高煤制乙二醇在下游长丝行业应用的掺混比例
5	现代煤化工产业可以以煤炭资源为原料制取可循环、易回收、可降解的材料，并通过扩大生产规模、提高产量等方式推动可降解塑料产品普及应用，达到保护环境的目的

4. 产业低碳化发展

现代煤化工产业不仅要积极推进高碳能源的低碳化利用，也要在生产过程中使用低碳化原料，围绕“双碳”目标不断提高能源利用率，减少碳排放规模，降低碳排放强度，加快实现节能减排，具体策略如表 3-2 所示。

表 3-2　产业低碳化发展的四大策略

序号	策略
1	煤化工产业需要通过物料平衡和能量衡算来升级生产设备和运行装置，深入推进生产各环节装置的节能降耗管理，切实提高能源利用效率
2	煤化工产业应积极推进煤化工与新能源耦合发展，使用天然气、焦炉尾气等高氢低碳的能源，助力能源结构转型，推动产业实现清洁化、低碳化发展
3	煤化工产业应该与绿电、绿氢等新能源耦合发展，加强与清洁能源的互补融合，从而减少煤炭燃烧和各工艺流程中的碳排放
4	煤化工产业可以实施 CCUS 产业规划，利用各种二氧化碳捕集和储存技术捕集工业生产过程中产生的含有高浓度二氧化碳的气体，实现二氧化碳再利用，从而实现产业终端的碳减排

5. 产业智能化、智慧化发展

现代煤化工产业应该加快智能化改造，利用大数据、物联网、云计算、区块链、人工智能等先进技术，在生产、经营、决策等方面实现智能化转型升级，强化生产的安全性、稳定性，提高资源利用、设备控制、物料平衡、能源优化、人机协同等领域的发展水平，打造数字化、信息化的智能工厂，推动产业实现智能化、智慧化发展。

第4章
纺织行业高质量发展情况概述

纺织行业低碳转型的发展现状

目前，推进全球气候治理、驱动工业低碳转型和促进经济绿色发展已经成为世界各国的重要任务。截至2021年底，全球已有136个国家做出碳中和承诺，许多企业也制定了碳减排方案，明确了碳减排目标。

1. 全球纺织产业低碳转型

2021年7月，欧盟委员会正式提出一揽子环保提案，提出碳边界调整机制（Carbon Border Adjustment Mechanism，CBAM），计划于2023年1月1日起分阶段征收碳关税，于2026年起全面实施碳关税提案，对来自碳排放限制相对宽松的国家和地区的铝、钢铁、水泥和化肥等商品征收碳关税。

碳标签是一种对商品全生命周期的碳排放进行量化处理并记录的商品标签，主要分为碳足迹标签、碳减排标签和碳中和标签三类，能够帮助消费者全面掌握商品的碳排放信息。随着绿色化发展进程不断推进，欧美日韩等国家开始推行碳标签制度，利用碳标签引导消费者购买和使用低碳商品，从而推动低碳经济的发展。

碳标签的普及应用在激励企业减少商品碳足迹的同时，可能形成新的贸易壁垒，部分碳减排进程较快的经济体可能会利用碳标签制度设置一些严苛的准入标准或限制措施，对商品进出口贸易形成制约。

在纺织领域，良好棉花发展协会（Better Cotton Initiative，BCI ）认证、全球回收标准（Global Recycle Standard，GRS）认证、责任羊毛标准（Responsible Wool Standard，RWS）认证等认证标准以及许多国外品牌自主设立的认证体系大幅提高了纺织品的出口门槛，加大了我国纺织品的出口难度。

因此，对我国纺织行业来说，碳关税的实施不仅导致我国纺织品的出口成本大幅增加，还降低了我国纺织品的贸易竞争力。由于我国纺织企业大多处于供应链底端，产品生产加工过程具有高能耗、高碳排的特点，因此由实施碳标签制度和各类认证标准而形成的绿色贸易壁垒将严重限制纺织品等中低端高碳产品的出口，促使我国纺织企业不得不加快低碳转型速度，积极应对低碳经济带来的挑战。

全世界范围内的节能减排不仅能够影响企业的发展，更能够加快商业环境的变化速度，进而改变贸易格局、重塑产业供应链。对发展中国家来说，全球化的节能减排为其经济发展带来了挑战，但同时也为其提高国际竞争力、获取更大话语权提供了良机。发展中国家的企业应牢牢把握全球节能减排带来的发展机会，实现绿色低碳转型。

2. 我国纺织行业的绿色发展现状

我国纺织行业在“十一五”时期，甚至更早就已经认识到了绿色发展的重要性，积极推动清洁生产，并不断推进产业绿色转型，构建和完善绿色低碳循环发展体系，加强对整个产业链中所有产品的全生命周期的绿色管理，进而提高发展质量，实现绿色发展。

纺织行业在印染环节会排放大量含有甲醛、多苯类、芳香烃类等物质的废气，造成严重的大气污染。2003 年 3 月，我国正式实施《生态纺织品技术要求》，该文件对生态纺织品技术做出了明确规范，禁用可分解芳香胺染料。此后，纺织行业积极培育天然的有色植物纤维，绕过印染环节，以天然的有色植物纤维为原料生产纺织品，减少有害化学品的使用量。

不仅如此，纺织行业还积极研发绿色环保的染料，并将其应用于需要印染的纺织品的生产中，从而减少纺织品印染环节的二氧化碳和各类有毒气体的排放。此外，纺织行业还大力发展和普及超声波染色、天然色素染色、超临界二氧化碳染色等绿色环保的印染技术，并扩大绿色纺织纤维、无害化纺织面料等绿色环保材料的生产规模和使用范围，不仅大幅降低了废气的排放量，也大大减少了废水中有毒物质的含量，为废水处理提供了方便。

由于纺织行业在印染环节需要使用许多高能耗设备、化石燃料和纺织浆料助剂，在废水处理环节需要使用高能耗的废水处理设施，因此印染和废水处理环节排放的二氧化碳及挥发的有机废气也会造成严重污染。为了消除这一污染源，纺织行业应升级生产设施，提高各项设备的能源使用效率，逐步用清洁能源代替高碳能源，并革新面料处理技术，通过使用生物酶整理、物理机械整理等绿色染整工艺来进一步减少碳排放。

除此之外，纺织行业还应推进包装环节、运输环节和回收环节的绿色升级，具体策略如表4-1所示。

表4-1 纺织行业在包装、运输和回收环节的绿色升级策略

环节	具体策略
包装环节	纺织行业应秉持减量化、绿色化、可循环理念，使用绿色包装和无害化包装，节约资源和能源，减少废弃物处理过程产生的污染，为废弃物处理和包装循环利用提供方便，并缩小产品包装体积，这不仅能够方便运输，提高运输效率，还能有效减少运输环节的碳排放
运输环节	纺织行业应借助绿色物流构建涵盖产业链各个环节参与主体的循环物流系统，实现绿色供应链管理，最大限度地提高环境效益、经济效益、资源利用率和能源利用效率，减少产品在运输环节的碳足迹
回收环节	纺织行业应完善废旧纺织品回收系统，大力推进废旧纺织品循环利用，进而达到节约资源、保护环境的目的

我国推动纺织行业低碳转型的政策框架

国际能源署在《全球能源回顾：2021年二氧化碳排放》中指出，服装行业的碳排放量占全球碳排放总量的10%，是第二大污染行业。麦肯锡公司的数据显示，纺织行业每生产1千克纺织品平均排放23千克温室气体。我国是纺织品生产和出口大国，在我国的31个制造业门类中，纺织行业的碳排放量排第六位。由此可见，纺织行业是我国推进节能减排工作的重点。

近年来，绿色低碳转型逐渐成为世界各国工业的发展趋势，我国也积极推动各行各业实施节能减排。在此形势下，纺织行业的碳排放量正逐渐降低，但其能耗和碳排放量仍旧处于较高水平。为实现“双碳”目标，纺织行业必须进一步调整发展方式和生产体系，以节能减排为核心实现绿色低碳转型。

1. 国家政策层面

2016年12月，工信部节能与综合利用司、中国纺织联合会、中国生态文明研究与促进会等机构参与2016年全国纺织行业生态文明与绿色发展工作会议，共同讨论纺织行业的绿色化改造问题。此后，纺织行业节能减排工作多次作为重点被写进《纺织工业发展规划（2016—2020年）》《关于促进制造业产品和服务质量提升的实施意见》等政策文件。在“双碳”目标下，纺织行业应积极探索绿色低碳发展模式，构建资源循环型产业体系和绿色制造体系，并将绿色设计融入生产全过程，实现高质量绿色发展。我国出台的关于推动纺织业高质量发展的政策如表4-2所示。

表 4-2 国家政策层面纺织业高质量发展相关政策

时间	文件名称	文件内容
2016 年	工信部《纺织工业发展规划（2016—2020 年）》	在促进产业创新、大力实施“三品”战略、推进纺织智能制造、加快绿色发展进程、促进区域协调发展、提升企业综合实力等方面提出具体要求
2019 年	工信部《关于促进制造业产品和服务质量提升的实施意见》	加快重点领域质量安全标准、绿色设计与生产标准制定，推动轻工纺织等行业创新产品发布，持续促进消费品工业提质升级
2020 年	工信部、农业农村部等六部委《蚕桑丝绸产业高质量发展行动计划（2021—2025 年）》	提出发展智能绿色制造，推动产业上下游共同实现绿色发展
2021 年 6 月	工信部《循环再利用化学纤维（涤纶）行业规范条件》《循环再利用化学纤维（涤纶）企业规范公告管理暂行办法》	作为纺织行业部分材料循环再利用工作的指导性标准
2021 年 12 月	工信部《“十四五”工业绿色发展规划》	加快纺织等重点行业实施清洁生产升级改造，通过构建绿色低碳技术体系、推动产业结构高端化转型、促进资源利用循环化转型等方式促进碳排放强度持续下降

2. 标准指导层面

2019 年 2 月，国家发展和改革委员会、工业和信息化部、自然资源部、生态环境部、住房和城乡建设部、中国人民银行、国家能源局联合印发《绿色产业指导目录（2019 年版）》（相关条目如表 4-3 所示），将废旧纺织设备和废旧纺织品等纳入废旧资源再生利用行列，在纺织行业实施循环经济，进一步提高资源利用率，促进清洁生产和可持续消费一体化，并将纺织面料等产品纳入可申报低碳产品认证名单，为纺织行业深入贯彻落实绿色发展的各项政策要求提供支持。

表 4-3　《绿色产业指导目录（2019 年版）》纺织行业相关条目

一级分类	二级分类	三级分类	具体条目
1. 节能环保产业	1.7 资源循环利用	1.7.2 废旧资源再生利用	包括废旧金属、废橡胶、废塑料、废玻璃、废旧太阳能设备、废旧纺织品、废矿物油、废弃生物质等废旧资源的再生利用
2. 清洁生产产业	2.1 产业园区绿色升级	2.1.1 园区产业链循环化改造	包括电力、钢铁、有色金属、石油石化、化学工业、建材行业、造纸行业、纺织行业、农牧业等行业，以本行业企业为基础建立跨行业产业链接，实现废弃物最小化或者能源梯级利用
6. 绿色服务	6.5 技术产品认证和推广	6.5.2 低碳产品认证和推广	包括硅酸盐水泥、平板玻璃、铝合金建筑型材、中小型三相异步电动机、建筑陶瓷砖（板）、轮胎、纺织面料、钢化玻璃、三相配电变压器、电弧焊机等产品的低碳产品认证和推广

2021 年 4 月，中国人民银行、发展改革委、证监会联合发布《绿色债券支持项目目录（2021 年版）》，将纺织品纳入废旧资源再生利用行列，将纺织行业企业纳入园区循环化改造行列，相关条目如表 4-4 所示。

表 4-4　《绿色债券支持项目目录（2021 年版）》

一级分类	二级分类	三级分类	四级分类	具体条目
一、节能环保产业	1.5 资源综合利用	1.5.2 固体废弃物综合利用	1.5.2.2 废旧资源再生利用	废旧金属、废橡胶、废塑料、废玻璃、废旧电器电子产品、废旧太阳能设备、废旧纺织品、废矿物油、废弃生物质、废纸（废旧印刷品等）、废旧脱硝催化剂、除尘用废旧布袋等废旧资源的再生利用
二、清洁生产产业	2.3 资源综合利用	2.3.2 工业园区资源综合利用	2.3.2.1 园区产业链循环化改造	在工业园区内，电力、钢铁、有色金属、石油石化、化学工业、建材、造纸、纺织、农牧业等行业企业，以企业为基础建立跨行业产业链接，实现最大化的废弃物资源接续利用，实现废弃物循环利用，或能源梯级利用的技术改造活动

3. 行业协会层面

2010 年 11 月，中国纺织工业协会检测中心和中国纺织工程学会标准与检测专业委员会联合举办全国纺织标准与质量研讨会，各个纺织行业协会的专业人员共同研究行业高质量发展问题，并提出发展低碳经济、完善相关标准技术说明的倡议。近年来，我国各个纺织行业协会陆续发布《纺织工业“十三五”科技进步纲要》《中国化纤工业绿色发展行动计划（2017—2020）》等文件，对纺织行业的绿色低碳转型形成了有效指导和规范，相关文件及内容如表 4-5 所示。

表 4-5　我国各个纺织行业协会发布的相关文件及内容

时间	文件名称	文件内容
2016 年	中国纺织工业联合会《纺织工业“十三五”科技进步纲要》	提出要强化绿色环保、资源循环利用、高效低耗、节能减排先进适用技术、工艺和装备应用推广，淘汰落后产能，提升行业整体技术水平等
2017 年	《中国化纤工业绿色发展行动计划（2017—2020）》	到 2020 年，绿色发展理念成为化纤工业生产全过程的普遍要求，化纤工业绿色发展推进机制基本形成，绿色设计、绿色制造、绿色采购、绿色工艺技术、绿色化纤产品将成为化纤工业新的增长点，化纤工业绿色发展整体水平得以显著提升
2020 年	中国循环经济协会《废旧纺织品回收利用规范》	推动绿色发展，壮大资源循环利用产业，推进废旧纺织品回收利用行业结构调整和产业升级
2020 年	中国循环经济协会《废旧纺织品回收利用规范》团体标准管理暂行办法	推进废旧纺织品回收利用行业结构调整和产业升级，加强行业引导，促进行业自律
2020 年	中国棉纺织行业协会《纺织染整工业废水治理工程技术规范》	规定纺织染整工业废水治理工程的设计、施工、验收、运行、维护的技术要求
2021 年	中国纺织工业联合会《纺织行业“十四五”绿色发展指导意见》《纺织行业“十四五”科技发展指导意见》《纺织行业“十四五”发展纲要》	明确指出在我国构建“双循环”新发展格局背景下以及国家碳达峰、碳中和目标导向下，纺织业要建立健全绿色低碳循环的产业体系，发展以可持续发展为特征的“绿色时尚”，并在具体的实现措施上做出重要指导

我国纺织行业节能减排面临的问题

根据中国碳核算数据库（China Emission Accounts and Datasets，CEADs）估算，目前我国的二氧化碳年排放量约为100亿吨，其中工业领域的碳排放量约占总排放量的68%。纺织产业是工业的重要组成部分，《纺织行业"十四五"发展纲要》将其定位为国民经济和社会发展的支柱产业。据统计，2019年我国纺织工业能源消费量约占工业能源消费总量的3.2%。不仅如此，纺织工业对水资源的消耗也很大，每生产1吨纺织品要消耗200吨水资源，且纺织工业的废水排放量也长期居高不下。为实现"双碳"目标，绿色低碳转型成为纺织业发展的唯一选择，这给纺织业的发展带来了巨大的压力。

为了实现绿色低碳转型，我国纺织业应调整生产结构，革新生产技术，升级生产工艺和生产设备，同时要增强企业的竞争力，通过产品优化和自身环境保护能力及水平的提高来驱动产品升级和产业升级，逐渐向技术密集型产业转型，从而更好地应对环境变化和市场变化带来的挑战。

由于纺纱和织布等高耗能环节是纺织行业产业链的重要组成部分，因此，纺织行业对很多直接能源资源的需求量较大，尤其是电力资源。根据国家统计局整理的数据，2018年我国纺织业能源消费总量为7487万吨标准煤，在污染物排放方面，洗染、印染、上浆等是造成水污染的主要环节。

我国纺织行业具有市场格局分散、中小企业众多、技术水平较低、高能耗、高污染等特点。就目前来看，我国纺织行业的大部分企业处于全球产业链分工的低端环节，在核心技术和高端产品开发方面存在许多不足，而且缺乏绿色环保意识，未能充分回收利用废旧的纺织品。根据华经产业研究院整理的数据，2021年，我国废旧纺织品的回收量只有500万吨。

在节能降耗、降碳减排方面，我国纺织行业存在以下几个方面的问题。

1. 技术创新不足

科学技术的进步和我国纺织企业在节能减排方面的不懈努力促进了生产技术的创新发展。近年来，我国纺织企业积极引进更加先进的生产技术和设备，并进行创新应用，不断提高自身在节能减排方面的能力和水平。例如，粘胶连续纺织工艺的应用将单位产品的电力资源消耗量降低了30%，洗涤装置的升级将单位洗涤产品的能源消耗量降低了25%，气流染色机的应用将水资源和能源的消耗量减少了25%～50%。

同时也要认识到，我国纺织工业在技术创新方面还比较薄弱，存在技术创新能力不足、设备研发应用水平较低等问题。具体来说，粘胶连续纺织工艺的应用虽然降低了耗电量，但也在一定程度上增加了煤炭资源的消耗量；气流染色机的应用虽然减少了水耗，但同时增加了碳排放；洗涤装置升级后达到了节能目的，却增加了水耗。因此，我国纺织行业需要大力推动技术创新，通过技术和设备的优化升级来提高节能减排水平。

2. 基础管理还相对薄弱

我国大部分纺织企业对能源管理、用水管理、减排管理的重视程度不高，存在能源和水资源浪费、污染物过量排放等问题。据了解，我国纺织企业在管理上实现三级计量管理的只有不到三分之一，整个纺织行业在基础管理上过于简单，生产过程中能源跑漏现象比较严重，导致能源利用率比较低，不利于能源管理和减排工作的转型升级。

3. 节能减排的投入不足

由于我国大部分纺织企业的盈利水平比较低，而且政府尚未在节能减排方面出台对纺织企业有较大吸引力的激励政策，导致纺织企业通常优先考虑生产利润，很难主动在节能减排技术、工艺和设备上投入充足的资金和人力，从国外引入先进设备的成本又比较高，进一步加大了节能减排的推广难度。

4. 产业链之间的协作开发不够

纺织行业的节能减排工作需要产业链各个环节、相关产业相互协调配合，共同促进节能减排。例如PVA（聚乙烯醇树脂）浆料凭借较强的混溶性、成膜性和黏合性大量应用于纺织行业，但环保性比较差。在这种情况下，我国纺织行业在选用PVA浆料时，既要加强对PVA浆料经纱的增强、耐磨、减伸等指标的考察，也要重视对纺织产业链的科学评估，加强印染环节与纺织环节的联系，推动全产业链实现节能减排降碳。

碳中和时代，纺织企业如何增收又增利？

我国是世界上最大的纺织品生产国、出口国和消费国，根据中国纺织工业联合会和前沿产业研究院整理的数据，2020年，我国纺织纤维加工总量约为5800万吨，在全球纤维加工总量中的占比超过50%，纺织品服装出口总额2990亿美元，占全球的比重超过1/3。我国纺织行业积极推动节能减排，通过使用新工艺和清洁能源等方式向低碳绿色的方向发展，这不仅有助于实现可持续发展，也为全球纺织业的碳减排工作提供支持与助力。

碳中和时代，我国纺织企业可以从以下方面切入，以实现增收增利。

1. 技术创新：以技术革新实现可持续发展

传统印染行业是高污染、高水耗行业，一般来说，我国纺织印染行业加工1吨纺织品的耗水量约为100～200吨，其中80%～90%为废水。

由此可见，纺织印染不仅需要耗费大量水资源，在生产过程中排放的废水还会对生态环境造成严重污染。为了改变这种状况，印染行业必须积极探索更加环保的印染方式，力求实现无水印染，以技术创新实现节能减排，推动“双碳”目标实现。

具体来说，在节能减排和环境保护方面，纺织行业的策略逐渐从治理转向预防，通过提高产品设计、原料选择等各个环节的绿色化水平来实现清洁生产，并加强生产管理、革新生产工艺、生产绿色产品、提供绿色服务，从源头上减少二氧化碳和废水的排放量，同时还要提高资源和能源的利用率，最大限度地减少资源浪费，实现低投入、高产出、低污染，促进可持续发展。

2. 数智赋能：以信息化改造实现降本增效

“双碳”目标的实现与企业的生产、经营等息息相关。纺织企业不仅要采取各种减排策略推动产业绿色发展，还要与产业链的各个环节协同合作，在整条产业链上多点开发和应用节能减排技术，全方位推进产业低碳发展。

纺织行业应构建绿色低碳的生产制造体系，积极革新生产技术、升级生产设备、开发环保产品、普及环保应用，进而减少产品生产消耗的能源和资源，减少污染物排放。不仅如此，纺织企业还要将节能减排作为发展的重点，定期制订并落实节能减排计划，调整产业结构和产业布局，引进先进技术、工艺和设备，提高生产车间的绿色化、自动化、智能化程度，在节能降耗的同时实现高质量发展。

3. 绿色发展：用清洁能源构建低碳模式

清洁能源就是在使用过程中不排放污染物的绿色能源。近年来，使用清洁能源进行生产逐渐成为企业发展的大趋势。“双碳”目标确立后，纺织企业纷纷大力发展清洁能源相关技术，投入大量资金推动技术创新和工艺优化，力求通过使用清洁能源实现绿色低碳发展。

具体来说，许多纺织企业用清洁能源代替煤炭等高碳能源进行生产，通过建设和使用光伏发电设备和天然气发电设备等清洁能源发电设备提高新能源利用占比，从而减少碳排放，并通过建设锅炉余热回收系统、环保节能地源中央空调系统、自来水压力式全自动过滤系统等节能系统实现资源的回收再利用，从而提高资源利用率，实现可持续发展。

4. 思想坚定：以责任推进企业长远发展

“双碳”目标的实现并不能一蹴而就，纺织企业需要做好打持久战的准备，明确减碳目标，平衡好当前发展与长期发展的关系，根据自身的实际情况循序渐进地推进节能减排工作。

作为高能源消费、高碳排放行业，纺织行业应坚持生态优先、绿色低碳循环发展的原则，深入贯彻落实可持续发展理念，实现高质量发展。具体来说，纺织行业的企业可以通过优化产业结构、强化基础管理、革新生产技术、推进产业协作、提高产业链的智能化水平、加大产品开发力度、加强品牌建设等多种方式实现降本增效，解决企业在低碳转型过程中面临的成本难题，为顺利实现绿色低碳转型提供强有力的保障。

第二部分 绿色制造篇

第5章
绿色制造："双碳"目标下的战略选择

绿色制造：助力实现"双碳"目标

近年来，全球制造业快速发展，在带动全球经济飞速发展的同时也带来了严重的环境问题，全球变暖问题愈发严重，极端天气愈发频繁，严重威胁着人类社会的发展，环境治理已经迫在眉睫。在我国提出"双碳"目标后，低碳转型成为各行业发展的重点方向。对制造业而言，绿色制造成为当前国际形势下的必然选择。作为一个制造业大国，我国实现绿色制造对全球环境的改善具有重要意义，同时还可以提升我国的国际地位。

绿色制造是一种现代化的制造模式，是指利用各种先进的技术手段对产品全生命周期中的所有环节进行改造，在保证产品质量和功能的前提下实现资源利用效率最大化、环境污染最小化的效果。绿色制造能够从根源上解决碳排放量高的问题，是目前实现碳减排最主要、最有效的途径，也是全面实现碳中和的必经之路。

因此，我国制造业要深挖碳排放产生的根本原因和主要途径，并据其制定合理的碳减排策略，同时加强绿色制造理论和技术体系的建设，不断研发和创新绿色制造技术，并推动其实现产业化发展，为绿色制造奠定坚实的技术基础，从而加快制造业的节能减排进程，为我国"双碳"目标的实现做出应有的贡献。

在工业产品设计、研发、生产、运输、使用、回收处理等全生命周期中，每个环节都会产生碳排放，并且每个环节的碳排放都来源于能源和材料的消耗。如果对能源和材料的生产过程进行进一步追溯就会发现，大部分碳排放是由于煤炭、石油燃烧发电以及冶金、化工制取原材料而产生的。在明确了碳排放产生的原因和途径之后，制造业可以从三个方面入手实现碳减排，具体来说就是供给侧减排、需求侧减排、强化二氧化碳吸收，如图 5-1 所示。

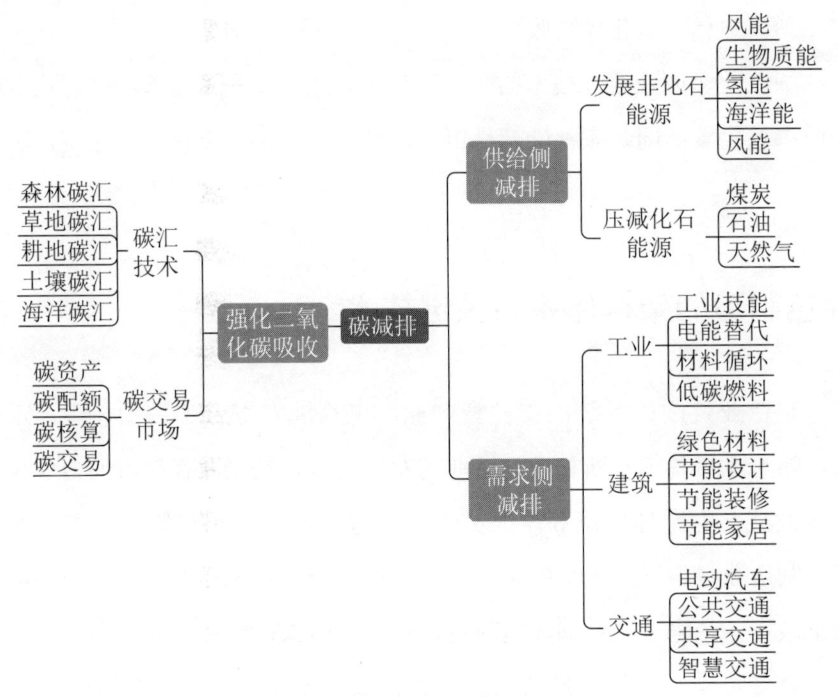

图5-1　实现碳减排的主要措施

（1）供给侧减排

在供给侧，制造业可以通过转变发电能源来实现碳减排，具体措施包括减少煤炭、石油、天然气等化石能源的使用，转向使用风能、太阳能、氢能、海洋能、生物质能等非化石能源，同时注重新能源技术的开发和创新，提升新能源的市场竞争优势，建立健全绿色可再生能源供给机制，推动新能源实现普及应用。

（2）需求侧减排

需求侧涉及的领域非常广泛，包括工业、建筑、交通等，因此需求侧的碳减排要根据各个领域的运行特点采取具体的措施。例如工业领域要推动材料实现循环利用，加强低碳燃料使用等；建筑领域要强化设计、装修、家居等方面的节能减排等；交通领域要推广电动汽车，倡导乘坐公共交通工具，打造智慧交通等。

（3）强化二氧化碳吸收

制造业要加强碳汇技术的研发和使用，通过植树造林等手段吸收大气中的二氧化碳；同时完善碳交易市场，减少大气中二氧化碳的浓度。

绿色制造的架构体系与关键技术

制造业是国民经济的支柱型产业，也是国家综合国力的体现。近年来，随着世界各国不断加大制造业的发展力度，制造业在短时间内实现了快速发展，为全球经济和全人类文明的进步带来了积极影响。但与此同时，制造业也消耗了大量的化石能源等不可再生资源，对生态环境造成了严重破坏，带来了严重的环境问题，对人类的长远发展极为不利。

全球每年向大气中排放的温室气体高达 510 亿吨，其中超过 50% 来自制造业。并且随着制造业不断发展，这一比例还在持续提升。如果放任制造业以当前的方式发展，那么到 21 世纪末，全球平均气温将上升 5℃以上，全球粮食产量将减少 50%，75% 的物种将灭绝或濒临灭绝。在此形势下，解决气候问题势在必行。由于二氧化碳是导致全球气温升高的主因，因此解决气候问题必须从减少二氧化碳排放入手。

我国自2020年提出"双碳"目标后，也出台了一系列政策，支持和引导工业制造领域的低碳转型，并将推进绿色制造作为当前的首要任务，以降低工业领域的碳排放，从而进一步落实"双碳"目标。

绿色制造以循环经济学、可持续发展理论、工业生态学等为理论指导，在工业产品设计、生产、使用、报废等全生命周期内加强绿色技术的使用，以实现绿色设计、清洁生产、绿色运维、回收再利用，从而最大限度地提升资源能源的利用效率，最大限度地降低碳排放，绿色制造的体系架构如图5-2所示。此外，产品生命周期每个环节的绿色技术又分别包括多种不同类型的技术，如表5-1所示。

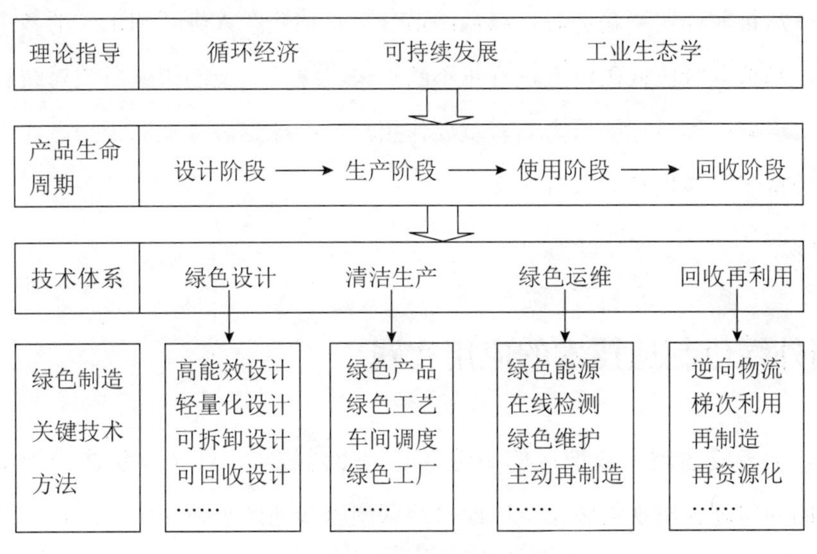

图5-2 绿色制造的体系架构

表5-1 产品生命周期各个环节的绿色技术

具体环节	所包含的技术类型
产品设计	轻量化设计、高能效设计、可拆卸设计、可回收设计等
产品生产	绿色工厂、绿色工艺、车间调度等技术
产品使用	绿色能源技术、绿色维护技术、主动再制造服务等
产品回收	废弃物资源化技术、再制造技术等

不难看出，绿色制造的关键技术始终围绕节能减排的原则，在供给侧和需求侧发挥作用，通过对资源能源进行合理配置实现资源利用效率最大化和碳排放最小化，这样既可以推动制造业稳定发展，又可以有效保护生态环境，还可以减少不可再生资源的利用。从宏观层面看，绿色制造与“双碳”目标的方向是一致的，是“双碳”目标下制造业发展的必然选择。

绿色制造既是一种理念也是一种实践，一方面指导着我们从全生命周期的角度去思考问题，将绿色制造理念贯穿于产品全生命周期的各个环节；另一方面要求我们在具体实践中加强绿色制造关键技术的应用，推动制造工艺与设备的绿色化转型，养成绿色消费的习惯等。

从目前的发展趋势看，绿色制造理念正加快融入生活和工作的各个领域，制造业绿色低碳转型进程正不断加快。绿色制造的快速发展对缓解我国实现碳中和目标的压力具有重要作用，对全球生态环境的维护、人类文明的持续发展也具有深刻意义。

国外绿色制造技术的应用实践

很多发达国家或地区的制造业起步相对较早，环境、资源、能源等方面的问题也出现得较早。因此，这些国家或地区也率先研发绿色制造技术来解决这些问题，并出台相关政策规范来加强绿色制造技术的发展和应用。

从国家层面看，早在20世纪80年代，美国就开始推行绿色制造，并正式将绿色制造纳入国家法律，成为首个通过法律推进绿色制造的国家。2007年，美国政府颁布了《低碳经济法案》，提出要减少温室气体的排放。

2005年，欧盟EuP（Energy-using Products，能耗产品）环保指令针

对用能产品的能耗问题和废弃物排放问题制定了能效标准框架性政策，旨在通过强化生态设计，提高能效、减少污染物排放，达到环境保护的作用。

2007年，日本政府出台《绿色经济与社会变革》，强调大力发展绿色技术，倡导绿色投资、绿色消费，发展绿色社会资本，并提出了构建低碳社会、实现人与自然和谐共生等战略目标。

从企业层面看，在绿色制造政策的指引和推动下，绿色制造理念逐渐深入人心，越来越多的企业将绿色制造技术应用于各类运营活动，并不断推动绿色制造技术创新升级，以实现绿色发展。随着越来越多的企业加入绿色制造行列，绿色制造的生态环境已基本形成。

芬兰拉赫蒂市拥有众多的工业企业，是芬兰的新工业中心，该城市利用先进技术对海量工业垃圾进行加工处理，使其能够再次转化为资源或能源投入到新的生产活动中。据统计，芬兰拉赫蒂市50%的垃圾作为资源实现了循环利用，46%的垃圾则转化成了能源。

欧莱雅集团在亚太地区设立"零碳工厂"，注重生产流水线上绿色制造技术和清洁原料的应用，例如蒸汽制备和发电过程均以生物质气体为原料，在满足蒸汽用量和电量供给的前提下大幅降低化石能源的消耗和碳排放，实现了工厂内生产活动的良性循环。

欧洲空中客车公司利用激光焊接技术取代传统的铆接工艺来完成机翼内隔板和加强筋之间的连接工作，这项技术的应用减轻了机身重量，增强了飞机的安全性，同时降低了制造成本。

此外，很多企业加强互动，协同推动绿色制造技术的创新和升级，并逐步形成了系列化的标准与规范，以协调各国对自然资源的利用，从而达到环境保护的目的，包括国际和区域性的环保公约等。

我国发展绿色制造的主要策略

尽管我国的工业化起步较晚，但在国际大环境下，我国在20世纪90年代便开始关注绿色制造及相关技术。为全面实现低碳减排、保护全球生态环境，我国在国家层面和企业层面都做出了相应的努力。

在国家层面，政府不断出台与绿色制造有关的引导和扶持政策，并在各个“五年”规划中融入绿色低碳经济的相关内容，从政策层面引导并推动绿色经济发展；在企业层面，各企业基于相关政策和法规变革发展规划，创新运营、管理和服务模式，加强绿色制造技术的应用，实现绿色发展，并在此基础上不断推动绿色制造技术的创新和升级，为全面实现绿色制造奠定坚实的技术基础。

经过多年的发展和研究，我国绿色制造关键技术已经取得了重大突破，研发出了面向不同行业和领域的关键技术，例如面向产品制造的增材制造绿色工艺技术、面向产品运维的再制造检测与修复关键技术、面向产品报废的再资源化技术等。这些技术的出现和使用极大地提升了我国绿色制造的水平和效率，初步建立起绿色制造体系。

现阶段，我国政府和企业的绿色发展意识显著增强，绿色制造手段越来越先进，绿色制造技术逐渐成熟，绿色制造能力不断提升，使得我国制造业的物耗能耗显著降低，污染物排放量大幅减少，这对我国制造业低碳转型、实现绿色发展意义重大。

不过，放眼全球，我国的绿色制造水平与工业发展的绿色化程度与国外相比仍存在一定的差距，主要表现在以下几个方面，如表5-2所示。

表5-2　我国制造业绿色化水平与国外先进水平的五大差距

序号	具体表现
1	制造业尚未全面实现由粗放式发展向集约式发展的转变，能源消耗量依旧非常大，在全国能耗中的占比比较大

续表

序号	具体表现
2	资源能源利用效率仍有较大的提升空间，与国际先进水平相比仍存在一定的差距
3	重点工业产品面临技术瓶颈，自主绿色设计能力和水平欠缺
4	工业装备与制造工艺的绿色化程度低，能耗和污染物排放量仍处于较高水平，废弃物资源化利用效率比较低，二次污染问题比较严重
5	绿色制造缺乏完善的法律规范体系和保障机制

绿色制造的关键技术能够支撑我国制造业实现低碳转型和绿色发展，并最终落实“双碳”目标，其重要性不言而喻。因此，我国必须进一步加大对绿色制造关键技术的研发和应用力度。近年来，以大数据、物联网、人工智能、云计算等技术为代表的新一代信息技术突飞猛进，并且在各行业实现了广泛应用，带领各行业向更加智能化的方向发展，为我国绿色制造关键技术的研发和应用带来了前所未有的契机。为此，我国制造业要抓住机遇，深化各项新技术、新学科理论与自身发展的融合，不断拓展并完善绿色制造技术体系，具体可以从以下几方面入手，如表5-3所示。

表5-3　建立健全绿色制造技术体系的四大策略

策略	具体措施
加强绿色设计理论与方法的研究	围绕重点行业产品的原料需求及设计特点，开发绿色设计理论和方法，研发绿色设计技术，从源头上推进绿色制造
创新绿色工艺与装备	借助新一代信息技术推动制造工艺创新优化、制造装备迭代升级，最大限度地提升能源利用效率，最大限度地降低污染物的排放量，同时实现废弃物的无害化处理和资源化利用，提升绿色制造水平
构建绿色制造服务平台	将大数据、云计算等技术应用于产品设计、研发、制造、使用及回收的全生命周期，全面收集产品全生命周期各环节的数据，同时基于海量数据创建并完善重点行业绿色制造服务平台，并开发对接数据库公共服务平台的软件系统，通过数据分析实现对重点行业绿色制造的客观评价
探索智能绿色制造技术	加强新一代信息技术与绿色制造的融合，打造重点行业的绿色制造智能化管理平台，依托平台对资源能源和环境开展智慧化管理，并不断探索基于大数据和人工智能的绿色制造技术

第6章
绿色工厂：驱动生产流程低碳减排

什么是绿色工厂？

自1949年以来，我国大力发展工业，经过七十多年的努力形成了一条具有中国特色的新型工业化发展道路，用几十年的时间走完了发达国家几百年的工业化历程，成为全世界唯一拥有联合国产业分类中全部工业门类的国家，成为世界第一制造大国。虽然我国工业发展速度极快，体量极大，但相较于发达国家来说整体竞争力仍有待提高。

在全球节能减排，全力实现碳达峰、碳中和的形势下，我国工业以资源为依托的粗放型发展方式迎来了巨大的挑战。为了摆脱困境，实现进一步发展，我国工业必须抓住新一轮科技革命与产业革命的机遇，积极推进供给侧结构性改革，积极引入先进技术创建绿色工厂，走一条绿色、低碳发展道路，优化行业结构，实现提质增效、绿色发展。

1. 绿色工厂的定义

在绿色制造体系中，绿色工厂是核心支撑单元，是实施绿色制造的主体单元，可以实现用地集约化、原料无害化、生产洁净化、废物资源化、能源低碳化，整个生产过程对环境的影响极小，可以解决传统工业生产模式下一直无法解决的环境污染问题，可以最大限度地提高资源利用效率，促使经济效益与社会效益实现最大化。

制造工厂的一切生产活动都要依托机器设备等基础设施，按照生产要求对各类资源、能源进行加工处理，输出目标产品，同时排放一定的废弃物，整个过程共同构成了企业的生产绩效。绿色生产引入全生命周期管理理念，可以在保证产品功能、产品质量以及生产人员健康安全的基础上控制资源与能源的投入，尽量减少废弃物排放，平衡经济效益与环境效益之间的关系，满足绩效的综合评价要求。

2. 绿色工厂的建设目标和主要内容

我国工业的绿色化转型不是近两年才开始的，经过“十三五”时期的努力已经取得了初步成效，包括基本建成了绿色制造体系，研究制定了468项节能与绿色发展行业标准，建成绿色工厂2121家、绿色工业园区171家、绿色供应链企业189家，推广绿色产品近2万种，绿色环保产业的产值近11万亿元[1]，形成了比较完善的绿色工厂体系，重点行业、重点区域的绿色工厂建设取得了显著成绩，为工业的绿色化转型奠定了良好的基础。

进入“十四五”时期，我国要继续完善绿色产品、绿色工厂、绿色工业园区和绿色供应链评价标准体系，鼓励地方政府、行业协会、工业企业制定比现行标准要求更高的标准，建设一批技术公共服务平台，尽快实现绿色低碳转型，全面提高资源利用率，持续改善环境质量，打造一个更加健康、稳定的生态系统。

根据《“十四五”工业绿色发展规划》的要求，到2025年，我国工业产业结构、生产方式的绿色低碳转型要取得明显成效，要在全行业推广应用绿色低碳技术与设备，使资源利用效率以及绿色工厂建设水平得到明显提升，为2030年工业碳达峰的实现奠定良好的基础。

[1] 数据来源于工业和信息化部2021年11月15日印发的《“十四五”工业绿色发展规划》。

3. 绿色工厂的创建流程

绿色工厂的创建需要遵循以下流程，如表 6-1 所示。

表 6-1　绿色工厂创建流程

步骤	具体内容
步骤 1	企业满足申请条件可以按照绿色工厂评价标准组织创建绿色工厂，并进行自我评价
步骤 2	企业通过自我评价认定自己达到了绿色工厂的标准后，要从工信部公布的工业节能与绿色发展评价中心名单中选择一家作为第三方评价机构，请该机构按照评价要求进行现场评价。如果第三方评价机构判定合格，就可以按照所在地区绿色工厂体系建设的相关要求与程序，向省级主管部门提交自我评价报告与第三方评价报告
步骤 3	省级主管部门根据其制定的绿色工厂体系实施方案的具体要求以及绿色工厂评价标准，从提交自我评价报告与第三方评价报告的企业中选择评估合格、在本地区具有代表性的企业形成绿色工厂名单，提交给工信部
步骤 4	工信部收到名单后，组织专家进行评审，开展实地调查，最终确定绿色工厂名单并向社会公示

绿色工厂评价标准体系

根据绿色工厂评价标准，绿色工厂评价主要关注六个方面，分别是基础设施、管理体系、能源与资源投入、产品、环境排放和绩效，具体分析如下。

1. 基础设施

（1）建筑

绿色工厂的建筑必须达到以下标准，如表 6-2 所示。

表 6-2　绿色工厂建筑标准

序号	标准
1	充分利用自然通风，减少空调、排气扇等设备的使用
2	使用围护结构保温、隔热、遮阳，优化围护结构的热工性能、外窗气密性等参数，在不影响正常生产的情况下降低车间的能耗
3	使用钢结构以及绿色建材，包括生物质建材、新型墙体和节能保温材料等

（2）设备设施

设备设施是实现绿色生产的关键，也是绿色工厂评定的一项重要内容。绿色工厂的设备设施要满足三大要求：一是设备能效的先进性，二是计量设备的完善性，三是环保处理设施的匹配性。在绿色工厂评定中，这个环节经常出现问题，常见的问题包括分类计量不完善、无法提供完整的设备能效先进性证明材料等。

（3）照明

绿色工厂的照明系统要优化窗户与墙面的面积比，尽量扩大屋顶的透明部分，以充分利用自然光照明，同时要根据不同的场所对照明系统进行分级设计，例如公共场所要配备定时自动调光系统，实现灯光的分区、分组控制，节约用电。

2. 管理体系

绿色工厂要参照《质量管理体系　要求》（GB/T 19001—2016）、《职业健康安全管理体系　要求及使用指南》（GB/T 45001—2020）、《环境管理体系　要求及使用指南》（GB/T 24001—2016）、《能源管理体系　要求及使用指南》（GB/T 23331—2020）分别建设质量管理体系、职业健康安全管理体系、环境管理体系及能源管理体系，进而形成一个完善的管理体系。

3. 能源与资源投入

（1）能源投入

在能源投入方面，绿色工厂要满足以下要求，如表 6-3 所示。

表 6-3　绿色工厂在能源投入方面的标准

序号	标准
1	优先使用风能、太阳能、地热能、生物质能等可再生能源、清洁能源，建设光伏、光热、地源热泵，提高可再生能源的使用比例
2	优化生产工艺，推广多能源互补供能方式，对现有的生产设备进行节能改造，加大技术创新力度，推广使用国家推荐的生产工艺、生产设备与产能
3	在采购时要规避国家明令淘汰的生产工艺、设备与产能。如果工厂正在使用的生产工艺、生产设备与产能进入了国家发布的淘汰名单，但未到淘汰时间，要制订淘汰计划，有计划地进行淘汰
4	积极引入人工智能、云计算、物联网等新一代信息技术，推进智能化改造与升级，提高生产效率，降低单位产品的能耗
5	生产设备的购入与安装要有计划地进行，最大限度地提高已经投入使用的生产设备的使用率，缩短设备的空载时间，以减少资源浪费
6	要根据生产工艺流程、物料搬运、信息控制、结构系统等因素对生产设备进行合理布置，对设备及照明用的电力线路和工业水管道进行有序铺设，防止这些线路与管道相互交叉
7	为了提高能源利用率，可以考虑使用温湿度独立控制、排风热回收、供配电系统节能、动力站房节能、动力节能、集中供油系统等节能措施

（2）资源投入

在资源投入方面，绿色工厂要满足以下标准，如表 6-4 所示。

表 6-4　绿色工厂在资源投入方面的标准

序号	标准
1	尽量使用可回收材料，减少不可回收材料、新材料的使用
2	在向供应商提交的采购名单中要明确有害物质使用、可回收材料使用以及能效等方面的环保要求
3	要建设供应链管理体系，对供应链的各个环节进行有效管控，提高供应链系统的运行效率
4	在谋求经济效益的同时要关注环境保护、人体健康、资源节约等事项

4. 产品

（1）生态设计方面

在产品生态设计方面，绿色工厂要满足以下标准，如表 6-5 所示。

表 6-5　绿色工厂产品的生态设计标准

序号	标准
1	产品生产要尽量减少使用的材料种类，减轻所用材料的重量，提高原材料的实用率，为产品废弃回收奠定良好的基础
2	产品在生产过程中要减少消耗品的种类与每种消耗品的消耗量
3	优先选择易拆解的设计，使用易分离的材料，减少零部件的涂层与覆膜，为产品废弃后的回收处理提供方便
4	产品设计尽量使用标准化、模块化的设计方案，方便产品维修与升级
5	对于体积较大的零部件、材料与包装，要注明所使用的材料种类
6	产品在设计时要考虑所使用的能源类型，尽量减少化石能源的使用，提高新能源的利用水平，例如在产品上安装太阳能电池、充分利用太阳能等

（2）节能方面

如果产品达到了节能标准，产品生产工厂或工厂所属企业要做出自我声明，同时要提交第三方认证机构予以认证，由第三方认证机构颁发认证证书。

（3）碳足迹方面

在碳足迹方面，绿色工厂的产品要满足以下标准，如表 6-6 所示。

表 6-6　绿色工厂产品在碳足迹方面的标准

序号	标准
1	企业要参考国内外的相关标准开展产品碳足迹量化与核查工作，从产品设计、生产、消费等环节切入，采取有效措施减少温室气体排放
2	企业可以在产品包装或者产品说明书中对产品碳足迹做出详细说明，让消费者明确产品的碳属性
3	企业要将碳足迹改善作为一项目标，并为之制订详细的计划

（4）有害物质使用方面

产品生产要限制铅、汞、镉、六价铬、多溴联苯和多溴二苯醚等有害物质的使用，相关企业要按照国家标准或者行业标准做好检测、识别与管理工作。

5. 环境排放

在绿色工厂的评定中，环境排放是一个硬性指标，无论在国家层面还是在地市层面都有非常明确的标准。相关机构会根据企业实际环境监测报告与在线监测报告对工厂的环境排放打分。但在实际评定过程中，有些机构对环境排放的规定比较粗略，没有对更高等级的企业排放指标做出明确说明，导致评定结果不太准确。

6. 绩效

绿色工厂评定的绩效指标可以分为用地集约化、原料无害化、生产洁净化、废物资源化、能源低碳化五个部分，每个部分又有很多评分细则。在第三方评价中，绩效评价经常遇到的问题就是行业缺少相关的指标与限额，很难界定工厂的绩效水平属于前 5% 还是前 20%。为了解决这一问题，评价人员可以参考清洁生产的指标体系，结合行业协会与环境部门发布的数据进行单位化换算后进行对比，明确企业的绩效水平及其在行业中的排名。

政府如何推动绿色工厂建设?

作为一项国家战略，绿色工厂建设需要政府做好顶层规划，从政策、资金等方面予以支持。

从政府层面来看，我国绿色工厂建设要做好以下几点。

1. 进一步强化欠发达地区与传统行业的绿色工厂建设

在国家政策的指导下，虽然我国绿色工厂建设快速推进，绿色工厂的数量快速增长，但地区和行业分布呈现出一定的差距。一方面，我国东部经济发达地区的绿色工厂建设速度极快，数量增长明显；另一方面，离散型制造业的绿色工厂建设取得了显著成绩，远超其他行业。当然这也说明经济欠发达地区和传统行业在绿色工厂建设方面拥有巨大潜力。为了推进经济欠发达地区与传统行业的绿色工厂建设，相关政府部门可以采取以下措施。

①在经济欠发达地区大力宣传绿色工厂建设的重大意义以及基于全生命周期的绿色发展理念，鼓励企业组织核心技术人员与管理人员学习，让他们深刻理解绿色工厂建设的重要性，主动推进绿色工厂建设。

②政府要鼓励传统高能耗、高污染的行业主动建设绿色工厂，实现绿色低碳转型，委派专家帮助这些行业的企业对产品生产的全生命周期进行梳理，发现制约企业实现绿色发展的关键环节并进行重点突破，鼓励企业引入绿色生产技术与工艺，提高管理水平，围绕绿色生产与管理创建一套完善的绩效考核指标。

2. 完善绿色科技创新体系与标准体系

对于绿色工厂建设来说，生产技术与工艺的绿色化升级是关键。目前，绿色工厂技术研发大多从单个环节切入，聚焦于节能减排技术的研发与创新，系统化、平台化的技术创新比较少，很多关键的绿色技术没能在产业、行业的绿色化转型中实现渗透应用，技术创新没能在工业绿色化转型过程中发挥出引领作用。为了解决这些问题，政府部门可以采取以下措施。

①政府部门要围绕绿色科技创新做好顶层设计，推进工业绿色低碳技术创新体系建设，促使不同技术的创新体系协调发展，不能过于偏重某项技术而忽略了其他技术的创新发展，同时要指导区域、行业以及企业合理地规划绿色技术创新子系统，保证这些不同层级的绿色技术创新系统有效运行。

②政府部门要通过政策、税收等方面的扶持培育一批绿色技术创新主体，引导企业加大在绿色技术创新方面的投入，鼓励企业申请更多专利并将最新的技术成果应用于实际生产过程，同时要鼓励企业加强与高校、科研机构的合作，共同致力于绿色低碳基础技术、前沿技术和关键共性技术的研发与突破，共同推进技术研发成果的转化与落地，打造一批示范工程，在全国推广应用。

③政府部门要鼓励行业围绕绿色技术的“产学研用”加强合作，建立以市场为导向的协同创新机制，打造一个集绿色技术研发、科技成果转化等功能于一体的创新链平台，为绿色技术创新提供强有力的保障。

④政府部门要在全社会范围内宣传、推广、贯彻《绿色工厂评价通则》（GB/T 36132—2018），鼓励行业尽快制定并发布绿色工厂团体标准、联盟标准、企业标准以及行业导则标准，为绿色工厂评定提供依据，同时要对工厂的能耗、水耗、综合利用、清洁生产等标准进行修订，使其符合绿色工厂建设标准，推动绿色工厂的标准体系不断完善，实现对整个工业体系的全覆盖。

3. 加快实施绿色工厂名单动态管理机制

目前，我国绿色工厂的持续建设主要以企业为主导，有些企业在通过绿色工厂评定，获得绿色工厂的称号之后就裹足不前，不再主动升级设备、创新生产技术与工艺，导致工厂的实际运营情况与绿色工厂的称号不匹配。这一现象出现的主要原因就是绿色工厂评定缺乏持续的评价与淘汰机制，导致整个行业没有形成良性竞争，绿色工厂无法实现持续发展。解决这一问题的关键就在于建立绿色工厂动态排名与淘汰机制，对绿色工厂进行定期考核，保证绿色工厂名单有增有减，实现动态管理，具体可以采取如下措施。

①按照工厂绿色化发展水平将工厂分为不同的等级，建立分级管理制度，明确每一家绿色工厂的优势，让人们了解其入围绿色工厂名单的原因。

②建立定期评价与淘汰制度，对绿色工厂名单中的工厂进行定期考核，如果发现工厂的绿色化水平有所下降，或者按照最新的绿色工厂标准判定其不合格，就要将其从名单中剔除，收回绿色工厂的称号，以保证绿色工厂的含金量。

③建立动态排名制度，根据定期考核结果对绿色工厂进行重新分级、重新排名，在内部形成一定的竞争氛围，刺激绿色工厂不断提升绿色化水平，进而提升整个行业的绿色化水平。

企业如何推动绿色工厂建设？

从企业层面看，绿色工厂建设需要坚持绿色可持续发展理念，对产品、服务等全生命周期的影响因素进行综合管理，从而提高能效，实现绿色生产。在这个过程中，企业需要引入一些先进技术与设备，例如人工智能、能源区块链等，通过工厂的数字化建设实现绿色转型升级。

具体来看，企业的绿色工厂建设需要做好以下几点。

1. 强化绿色工厂理念的形成和贯彻

企业是以盈利为目的的组织，想要长久、持续、稳定地盈利，必须“高瞻远瞩”，才能实现长期稳定的发展。但我国很多制造企业缺乏长期发展意识，过于注重短期利益，没能根据行业发展趋势制定长期发展战略，只能兴盛一时，无法长久发展。

绿色工厂的评定也是一项系统且复杂的工作。企业想要通过测评，获得绿色工厂的称号，必须做好战略规划，加深对绿色工厂理念的认知，将绿色工厂理念贯穿企业生产的全过程，覆盖产品生产、销售、废弃回收的各个环节，将企业的发展战略与绿色工厂建设理念相融合，通过绿色产品引导消费者形成绿色消费理念与消费习惯。

企业生产人员要加强对绿色理念的认知，销售人员要主动参加相关培训，增进对绿色产品的了解，引导消费者购买绿色产品。总而言之，制造企业对绿色工厂理念的宣传必须落实到企业运转的每一个环节以及每一位员工身上，通过思想理念、生产方式、运营模式等全方位的绿色化转变将绿色工厂的效果展现出来。

2. 重视绿色工厂相关核心技术研发

对于制造企业来说，技术是其生存发展的原动力，是其实现绿色发展与转型的重要支撑。企业想要通过认证获得绿色工厂的称号，必须不断加大在绿色工厂核心技术领域的研发投入，掌握核心技术，提高自身的技术实力。

一方面，企业要加大在相关项目领域的资金投入与人力投入，做好关键技术研发与转化应用，在生产环节尽量选用绿色材料，整个生产过程严格遵循绿色生产标准，促使绿色生产技术释放出最大效益。另一方面，企业管理人员要时刻关注国际绿色工厂领域的先进技术，组织本企业的技术人员学习、借鉴，并主动推进绿色工厂核心技术的产业化应用。

3. 加强绿色工厂工程体系建设

绿色工厂建设的每一个环节都要符合绿色工厂的要求与标准，要建立一个完整的绿色工厂工程体系。一方面，绿色工厂企业要坚持以绿色工厂标准为指导对产品、生产工艺、包装、供应链等环节进行绿色化改造与升级；另一方面，行业要以绿色工厂公共服务平台为依托，加快制定并完善绿色制造技术标准与相关管理规范。

4. 全面实施自主减排促进和谐统一

企业建设绿色工厂的一个主要目的就是节能减排，所以要做好该领域的技术创新，并推动相关的技术成果在产业落地应用。为此，企业一方面要积极推进绿色工厂技术创新，另一方面要对绿色工厂技术创新成果进行梳理，对现有的绿色工厂技术进行推广，实现节能减排目标。随着越来越多的技术成果落地应用，企业的绿色工厂技术水平也会不断提升，进而实现整体的和谐统一。

第 7 章
绿色园区：赋能我国工业高质量发展

我国推进绿色园区的政策路径

在“双碳”目标下，我国的经济发展模式和产业结构都在进行低碳化、零碳化转型，绿色发展日益成为区域经济发展的主流趋势。为全面推进我国区域经济绿色发展，政府针对传统工业园区的发展问题出台了一系列绿色发展政策，以减少化石能源的使用及有害气体的排放，保护工业园区的生态环境，最终实现工业园区的绿色发展。现阶段，我国绿色工业园区建设的主要任务包括以下几方面。

1. 国家生态工业示范园区创建

生态工业园区是按照循环经济理论、工业生态学原理创建的新型工业园区，能够满足新时代下清洁生产的要求，是推动区域经济绿色发展、落实“双碳”目标的有效途径。建设国家生态工业示范园区有两个显著作用，如表 7-1 所示。

表 7-1　国家生态工业示范园区建设的两个作用

作用	表现
促进区域节能减排	既可以推动区域经济快速发展，又能够减少能源消耗与污染物排放
实现动态管理，提升绿色发展水平	设立“批复创建—验收授牌—定期复查”的动态管理机制，保障生态工业示范园区的有序建设，从而持续提升园区绿色发展水平

2. 园区循环化改造

园区循环化改造是依据循环经济的3R原则（减量化原则、再使用原则、再循环原则），对园区产业结构和空间布局进行优化调整，持续研发和改进循环经济关键技术，完善基础设施建设，推动园区经济组织形式和管理模式变革，促进园区废物资源化，实现园区资源的循环利用，最终实现可持续发展。

园区开展循环化改造可以显著提升资源产出率，减少能耗、物耗规模，降低污染物的排放水平，为循环经济总体绩效水平的提升、园区的绿色发展起到很好的推动作用。目前，园区循环化改造已经取得了一定成果，初步形成了“企业小循环、产业中循环、园区大循环”的区域循环经济发展格局，对国家经济、生态环境乃至人类社会的持续发展具有重要意义。

3. 国家低碳工业园区试点

低碳工业园区试点是在发展良好、代表性强、合法合规、形成了发展特色的工业园区设立低碳试点，改变重点用能行业的能源使用比例，降低化石能源的消耗，增加清洁能源的使用，同时培育一批低碳型企业，并根据我国工业园区的实际发展情况，打造园区低碳管理模式，尽可能降低工业园区的碳排放，推动园区内工业的低碳化发展。

低碳工业园区的建设和发展可以有效促进能源消费结构变革，可以在推动经济稳定增长的同时降低能耗和碳排放，为国家经济绿色发展以及解决全球气候变化问题做出贡献。现阶段，我国低碳工业园区的建设和发展规划仍需围绕我国碳减排战略目标进行适当调整和优化。

4. 绿色园区建设

绿色园区是集聚遵循绿色生产理念、符合绿色生产要求的企业和基础设施的平台，注重内部工厂的统筹管理和协同链接，旨在实现企业的聚集化发展，形成产业生态链，创建高效的服务平台，最终实现绿色制造。绿色园区建设能够满足《中国制造 2025》《绿色制造工程设施指南》对新时代制造业的要求，是实现绿色经济发展的重要途径之一。

5. UNIDO 绿色工业园区创建

2013 年，UNIDO（United Nations Industrial Development Organization，联合国工业发展组织）与我国开展合作，启动了绿色“丝绸之路”项目，这是推进国际工业经济绿色发展的重要举措。

UNIDO 绿色工业园区是一种新型工业园区，遵循循环经济理念、可持续发展理念、工业生态学原理和清洁生产要求，借助物质流或能量流传递等方式，打造物质流闭环，实现能量多级利用，最大限度地提升能源资源使用效率，使工业废物排放降到最低甚至实现零排放，最终实现绿色工业生产。

对比来看，上述几方面的政策在最终目标上大体一致，但在推动主体、实施路径、区域数量、侧重方向和特色路径方面存在较大差别，具体差异如表 7-2 所示。

表 7-2　五类政策的差异性对比

政策	推动主体	实施路径	区域数量 / 家			侧重方向	特色路径
			东部	中部	西部		
国家生态工业示范园区创建	生态环境部、商务部、科技部	申报创建—批复创建—指标达标—申请验收—组织验收	72	13	8	推进产业生态化，侧重污染减排	有淘汰退出机制，持续推进生态化建设
园区循环化改造	国家发展和改革委员会、财政部	组织申报—项目实施—组织验收	51	28	51	通过补链项目构建循环产业链，侧重资源能源产出	有专项支持
国家低碳工业园区试点	国家发展和改革委员会、工业和信息化部	政府引领—管委会推动—企业实施—专业服务机构参与	25	12	14	偏重节能降耗、碳减排	聚焦低碳发展
绿色园区建设	工业和信息化部	第三方申报	43	30	47	强调资源能源效率和资源重复利用	覆盖面较广
UNIDO绿色工业园区创建	UNIDO	专家评审	3	0	2	强调资源能源效率和污染减排	指导“一带一路”沿线国家和工业园区

工业园区绿色发展的问题与对策

目前，从我国工业园区的发展来看，工业生产活动比较集中，导致环境污染问题严重，不同园区间的绿色发展水平差异较大，对区域经济绿色发展较为不利。为此，“十四五”规划将工业园区绿色发展纳入进来，并结合新时代生态文明建设要求和工业园区存在的问题提出了相应的发展对策。

1. 工业园区绿色发展主要问题

在“十四五”规划的指引下，工业园区的绿色发展迎来了良好的机遇。不过目前，工业园区的绿色发展仍面临许多问题，主要体现在以下三个方面。

（1）园区对绿色发展的重视程度有待提升

尽管政府出台了许多扶持和激励政策，但是目前我国大多数工业园区仍延续传统的发展路径，对绿色发展的重视程度比较低。目前我国国家生态工业示范园区建设比例不足 20%，拥有国家生态工业示范园区称号的更是不足 10%；国家级工业园区仅有 23% 正在开展循环化改造，且多数处于未验收状态；国家级绿色园区约占比 21%；低碳工业园区和 UNIDO 绿色工业园区的数量更少。

（2）园区环境风险防范意识和能力有待加强

工业园区是聚集各种生产要素开展工业生产活动的场所，内部包含各种工厂和企业。由于工业生产活动必定伴随着环境风险，因此作为工业生产聚集体的工业园区将面临更严峻、更复杂的环境风险。但目前我国工厂和企业防范环境风险的意识和能力都比较差，无法满足工业园区环境风险防范的要求。

（3）园区绿色发展创新能力有待提高

目前我国东中西部的园区经济发展水平参差不齐，对绿色发展的认识差异较大。东部地区经济发展比较快，园区绿色发展的创新能力相对较高，探索出了一些较为有效的创新管理机制。但从我国绿色园区建设的整体目标来看，东部地区的创新机制仅停留在表层阶段，中西部地区的创新机制更加不足。总体来讲，我国园区绿色发展的创新管理能力仍有待提高。

2. 工业园区绿色发展对策建议

针对上述问题，给出了如下相应的对策建议。

①各部门要大力宣传绿色经济发展理念，强化工业园区的绿色发展意识，同时出台一系列支持政策，加快建设绿色园区、生态园区、低碳化园区，引导和推动工业园区绿色发展，实现经济环境双赢。

②注重环境风险防控，确保环境安全。相关部门要围绕工业园区建设的风险防控体系，对园区内环境、工业活动等进行全面监测，实现风险精准评估，发现风险及时预警并处理，同时根据企业或工厂不同的环境风险状态采取不同的监管措施，实现风险差异化监管，加强企业或工厂以及整个工业园区的风险培训和演练，提升其应急防范能力和协同管理能力。

③创新管理机制，强化监督管理。相关部门要根据工业园区绿色发展目标和要求，将工业园区打造成环境创新管理试验基地，并结合工业园区的产业结构、发展阶段、发展特征以及区域内环境保护需求，建立并完善差异化、精准化的环境管理创新机制，同时根据国家整体的环境保护要求，不断推进各个园区环境管理创新机制系统化、协同化发展，以在工业园区环境管理创新机制方面实现求同存异，全面提升各个园区的创新发展能力，例如可以创建工业园区“环境领跑者”制度等。

园区循环化改造面临的痛点

“十四五”规划提出了“加快发展方式绿色转型”的目标。在这一政策背景下，我国工业园区正持续开展绿色转型，园区循环化改造便是其中的一个重要方向。园区循环化改造对全面构建绿色产业体系、打造园区绿色发展模式、实现园区高质量发展具有重要意义，也是应对全球气候问题、实现“双碳”目标的重要手段。

1. 园区循环化改造的内涵

园区循环化改造是通过对园区的产业结构和空间布局进行优化调整，推动产业链合理延伸形成循环链接，并加强技术攻关，持续促进循环经济关键链接技术升级，同时加强符合园区绿色发展的公共基础设施和服务平台的建设，变革组织形式，重塑管理机制，形成园区内资源循环利用的产业链条，形成一个工厂或企业产生的废物能作为另一个工厂或企业的原料的局面，最终实现资源的循环利用、废物的“零排放”。总体来看，园区循环化改造既涉及微观层面的组织机制、业务流程和管理模式，又涉及宏观层面的空间布局、产业结构等，是在园区全域范围内进行的改造，有利于打造园区发展的新模式，进而推动园区高质量、绿色发展，从而实现国民经济的绿色持续发展。

为落实绿色经济发展战略，全面提升资源利用效率，实现节能减排，我国各级政府正加快推动园区循环化改造。随着园区循环化改造逐步推进，其内涵也将不断变化创新，将持续向更加绿色的发展模式转变，逐步提升绿色能源使用率，完善升级绿色产业链和供应链，最终实现高质量、可持续发展。目前，我国工业园区的循环化改造已经取得了一些成效，但也仍面临着一些问题。

2. 园区绿色循环改造面临的关键难点

自“双碳”目标提出以来，我国各个行业十分重视自身领域的碳中和。由于工业生产领域的能耗、碳排放量、废弃物产生量都非常大，因此，工业碳中和是碳中和目标实现的重中之重。而在工业碳中和领域，工业园区的绿色循环改造是一项重点任务，也是一个行之有效的重要手段，对工业领域实现节能减排、绿色持续发展意义非凡。但我国工业正处于高速发展阶段，工业园区数量非常多，种类比较复杂，且各工业园区处于不同的发展阶段，难以系统化地推进循环化改造。目前园区循环化改造面临的难点主要表现在以下三方面，如表 7-3 所示。

表 7-3　园区循环化改造面临的三大难点

难点	具体表现
共生体系建设缓慢，改造难度比较大	现阶段，我国工业园区内的产业类型、资源环境以及发展阶段存在较大差异，共生体系建设难度大、进展慢，导致园区的统一绿色改造难以推进
物质流分析薄弱，循环产业链亟待提升	我国早期创建的工业园区以及中西部地区的工业园区仍遵循传统的发展理念和模式，对绿色循环发展的认识比较薄弱，园区内各企业或工厂之间没有建立起良好的物质流连接，难以实现资源和废物的循环利用。此外，物质流分析工作相对落后，相关技术和模型尚不成熟，无法为园区循环化改造背景下的物质流分析工作提供有效支持
市场机制不完善，保障措施亟待健全	园区循环产品的生产和销售比较依赖地方政府的干预，缺乏完善、自主的市场机制

园区绿色循环改造的实施路径

随着碳中和战略持续深化，工业园区生态文明建设的重要性日益增强。工业园区的生态文明建设可以有效改善我国工业生态环境，助力经济社会实现绿色发展。工业园区作为各类工厂的聚集地，承载着我国绿色制造体系建设的目标，其绿色循环化改造是实现制造业强国的重要手段。目前，我国工业园区生态文明建设已经进入关键阶段，首要任务是围绕存量园区进行绿色循环改造。

在这一背景下，我国政府、园区、企业和公众等主体应当积极协作，基于已取得的园区循环化改造成果不断变革实施重点、突破实施路径，打造“企业单元—产业链—基础设施—园区”的绿色园区系统，以系统化推进园区的绿色发展。绿色循环改造路径框架如图 7-1 所示。

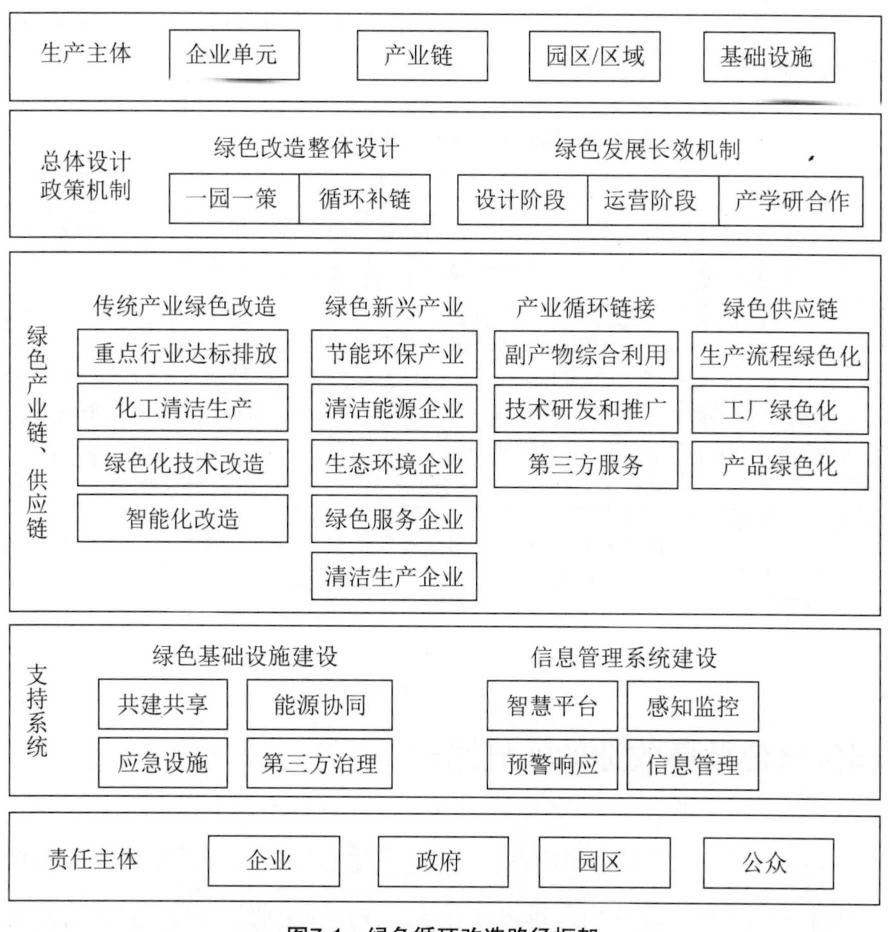

图7-1 绿色循环改造路径框架

在这一框架中，每个模块各自发挥着自身的职能，同时又相互协作，共同推进园区循环化改造，各个模块的职能如表 7-4 所示。

表 7-4 各个模块的具体职能

模块	具体职能
顶层设计	确定园区绿色循环化改造的基本规划和方向指引。这一部分会从整体层面制定科学的战略目标和大致的实施路径，并强调科技创新
绿色产业链、供应链	是园区绿色循环化改造的重要手段，主要从传统产业链绿色改造、发展绿色新兴产业、完善产业循环链接、打造绿色供应链四个方面推进
支持系统	包括绿色基础设施和信息管理系统两方面，为园区绿色循环化改造提供基础保障

工业园区循环化改造作为目前工业发展的重要任务之一，可以从以下几个方面有序推进。

（1）强化园区整体设计

园区管理者要对工业园区现有的水资源、能源、土地资源的使用情况和废物排放情况进行全面考察调研，并根据相关数据进行分析预测，基于“一园一策”的原则，制定园区绿色循环化改造的整体目标和系统化实施方案。

（2）推进传统产业绿色发展

园区管理者要对园区内所有产业的发展情况进行分析，掌握园区主导产业，根据园区发展特征推动园区内传统产业的绿色转型升级，例如石化业、印染业、建材业等。

（3）培育壮大绿色新兴产业

园区管理者要根据未来经济发展的趋势，基于地方园区现有的绿色产业，不断培育绿色新兴产业，同时利用现代化先进技术推动产业基础和产业链变革升级，打造科学、安全、高效的绿色产业链条。

（4）完善园区产业循环链接

地方政府可以出台相关政策，鼓励和引导园区内副产物或废弃物的循环利用。同时园区管委会要加强监管，明确园区废弃物产生的原因、规模、流向及利用价值，基于园区内主导产业和主要废弃物打造园区内产业循环发展闭环，促进废弃物再利用，为循环经济发展奠定基础。

（5）形成企业绿色供应链

园区内的企业要对工业流程、产品进行绿色化改造，特别是在产品设计、研发和生产等环节，要严格按照绿色生产、减少污染物排放、能源资源高效利用的原则来选取原材料，从源头上降低对环境的消极影响，打造园区企业绿色供应链。

（6）加强园区绿色基础设施建设

园区绿色基础设施包括供水排水系统、污水收集和处理设施、固体废弃物综合处理系统、危险废弃物集中处理系统等，强化园区绿色基础设施建设可以为园区绿色循环化改造提供基础支撑。

（7）提升园区智慧信息管理能力

园区要加强新一代信息技术的应用，建设智慧信息管理平台。

（8）构建园区绿色发展政策保障体系

地方政府出台相关政策，保障园区绿色循环化改造有序推进，同时在新建园区的顶层设计环节融入绿色发展理念，实现新建工业园区的绿色发展。

第 8 章
绿色供应链：实现可持续供应链管理

绿色供应链管理的概念与内涵

1. 绿色供应链管理的概念

随着社会的进步和人们思想观念的转变，环境、社会与公司治理（Environment，Social and Governance，ESG）理念和绿色消费理念逐渐在各个领域流行开来。目前，许多企业已经认识到了环保的重要性，积极承担社会责任，努力创造环境效益。

具体来说，企业不仅可以通过参加碳交易、碳配额、碳信用、绿电交易和绿证交易等直接或间接的方式减少碳排放，也可以通过供应链减碳的方式进行供应链低碳管理，减少整条供应链的碳足迹，进一步强化节能减排。

绿色供应链（Environmentally Conscious Supply Chain，ECSC）也称环境意识供应链，是美国密歇根州立大学制造研究协会提出的一项将环境和资源效率纳入供应链管理中的概念。随着环保意识的增强，资源浪费和环境破坏问题引起了世界各国的重视，很多国家开始构建绿色供应链体系，积极推进绿色供应链管理（Green Supply Chain Management，

GSCM）。绿色供应链管理是企业在“双碳”背景下实现供应链低碳管理的关键，因此，企业必须深入了解绿色供应链并全面提升自身在绿色供应链管理方面的能力。

2017年5月，我国国家标准化管理委员会颁布《绿色制造　制造企业绿色供应链管理　导则》（以下简称《导则》），对制造企业在绿色供应链管理方面的目的、范围、要求等做出了明确规定。除制造企业外，该文件还对其他组织实施绿色供应链管理的目的和范围做出了指导。

《导则》指出，绿色供应链管理的目的是“将绿色生产制造、产品生命周期管理和生产者责任延伸等理念融入企业的供应链管理体系，识别产品生命周期各阶段的绿色属性，协同供应链上的供应商、制造商、销售商、顾客等实体对产品/物料的绿色属性进行有效管理，减少产品/物料及其制造、运输、储存及使用等过程的资源（包括能源）消耗、环境污染和对人体的健康危害，促进资源的回收和循环利用，实现企业绿色采购和可持续发展”。

与此同时，《导则》也明确界定了绿色供应链管理的范围，如图8-1所示。

①制造企业从产品设计到最终处置的整个生命周期

②供应商、制造商、经销商、物流商、最终用户、回收企业、废弃物处置企业等所有参与主体

③企业产品以及产品使用材料、产品包装物、工艺辅料等所有产品生产和包装中使用的物料的绿色属性

④企业产品/物料的正向物流和信息流以及逆向物流和信息流

图8-1　绿色供应链管理的范围

随着社会经济的快速发展和人类活动范围的不断扩大，生态环境保护、资源的合理开发和利用已经刻不容缓。在此形势下，企业必须深入贯

彻落实可持续发展的经营理念和管理模式，将环境保护理念融入企业管理的每个环节，协调好企业发展与环境之间的关系，在发展的同时加强对资源和环境的保护，通过绿色供应链管理实现可持续发展。

绿色供应链管理是一种以绿色制造、绿色发展和资源优化配置为中心思想的现代化企业管理方式。企业可以通过绿色供应链管理实现对产品从物料获取、设计、加工、包装、仓储、运输、消费、使用到报废和回收处理等整个生命周期的绿色管理，在最大限度地利用资源的同时将环境代价降至最低，实现企业发展与生态环境保护之间的平衡。

2. 绿色供应链管理的内涵

绿色供应链管理具有网络化管理和管理复杂度高等特点，能够借助可持续发展理念和生态环境保护理念帮助企业平衡好供应链各个环节的收益与环境代价、资源利用情况之间的关系。具体来说，企业可以通过绿色供应链管理对产品的原材料获取、设计、生产、运输、销售、使用、报废、回收、循环利用等整个生命周期进行生态监管，从而实现绿色物料、绿色设计、绿色采购、绿色制造、绿色包装、绿色回收等，并协同各个部门和其他企业最大限度地减少企业发展对生态环境的影响。

企业可以借助绿色供应链管理最大限度地优化资源配置，提高资源利用水平和生态环境保护能力，进一步提升市场竞争力，实现可持续发展。同时，绿色供应链管理也对企业提出了以下两方面要求：

①在协作方面，企业需要加强与供应商、制造商、经销商、物流商、消费者、回收处理企业等各环节参与主体的交流与协作，充分保障产品质量。

②在绿色方面，企业需要对供应链的所有流程进行绿色管理和经营，提高自身获取市场机会的能力和可持续的市场竞争力。

企业通过绿色供应链管理可以实现统筹协作与绿色经营兼顾，从而在提高经营效率和盈利水平的同时增强企业发展的可持续性。

基于绿色理念的供应商管理

供应商是供应链中的重要主体，企业想要做好绿色供应链管理，就必须加强绿色供应商管理，让供应商能够在确保产品品质的同时提高自身的碳减排能力，降低资源损耗和对环境的不良影响，实现经济效益与环境效益双赢。由此可见，企业不仅要做好内部的碳资产管理工作，加快推进节能降碳，也要进一步规范供应商的绿色生产行为。

具体来说，企业针对供应商的绿色供应链管理可以采取以下措施。

1. 建立规则

建立明确的管理规则是企业规范供应商管理的必要手段，具体来说，企业可以针对采购、生产等工作环节制定相应的标准、制度和行为准则，让供应商按照规章制度工作，减少二氧化碳排放，实现绿色管理。

企业在制定供应商环保减排规章制度时，既要设置明确的减排目标，也要确保环保减排方案具有较强的可操作性，同时还要便于进行产品的全生命周期碳足迹计算，从各个方面确保各项环保政策及规章制度的实用性，以便这些规则能够落地实施。

2. 尽职调查

企业想要实现有效的供应商管理，不仅要深度把握自身的碳减排和碳管理需求，还要掌握供应商的环保减排情况，快速找出供应商在环保减排工作中存在的问题，并以供应商管理规则为依据对供应商的碳减排方式、碳减排技术等进行调整和改进。

因此，企业需要对供应商进行尽职调查，主要调查环境、健康、安全等方面，以及采购、生产、包装、运输、储存、销售、售后、回收、再利用等产品全生命周期的实际碳排放情况。

不仅如此，企业还应针对调查过程中发现的问题进行潜在风险分析，并利用具体的合同条款推动供应商及时解决产品供应不合格、合同不合规、环保不达标等问题，从而切实提高供应商的环保减排能力，进一步完善供应商的环保减排管理工作，优化绿色供应商管理。

3. 分级管理

分级管理是企业提高供应商管理工作针对性和侧重性的有效手段。具体来说，分级的依据主要包括供应商的供应重要程度和实际环保合规风险两个方面，分级的标准主要包括以下三项，如表 8-1 所示。

表 8-1　分级管理的三大标准

供应重要程度或实际环保合规风险水平	标注颜色
较高水平	红色
中等水平	黄色
较低水平	绿色

对于用红色标记管理的供应商，企业需要提前制定供货应急预案进行风险防范，并及时寻找能够代替该供应商的产品供应商以备不时之需；对于用黄色标记管理的供应商，企业需要加强管理，并提高对其进行环保合规追踪调查、审计和考核的频率；对于用绿色标记管理的供应商，企业无须采取额外的管理手段，只需要进行正常管理和关注即可。

4. 定期考核

由于企业无法确保供应商能够在日常经营中完全严格遵守环保及碳减排的规章制度，因此企业必须做好对供应商进行长期管理和关注的准备，持续跟踪供应商的履约情况和环保减排情况，并定期进行考核。

具体来说，企业可以制定与实际考核情况挂钩的奖惩制度，借此激励供应商积极落实环保减排政策。与此同时，企业还可以通过制定相关的规章制度和签订合同等方式对供应商的环保减排工作进行严格要求，提高供应商对定期跟踪、审计和考核环保减排情况的配合度，提高定期考核工作的效率。

5. 合同管理

合同管理是企业确保供应商遵循环保减排规章制度的有效方式。具体来说，企业既可以通过将环保减排规章制度写进供应合同的方式对新供应商的生产经营行为进行规范，也可以通过将环保减排规章制度写进订单模板的方式对现有供应商提出环保减排要求。由此可见，合同管理不仅能够帮助企业对新供应商进行绿色管理，也有助于企业进一步规范现有供应商在环保减排方面的行为，让供应商积极承担环境保护责任。

由于各行各业的企业经营的产品和业务千差万别，不同的企业面对的供应商也各不相同，因此企业在进行绿色供应商管理时需要在自身实际情况的基础上灵活变通，围绕以上管理方法制定适合自己的绿色供应商管理措施。

绿色供应链管理的构建路径

建立健全与绿色供应链管理有关的政策和法律能够为企业的绿色发展提供强有力的保障。随着我国的生态环境保护意识不断增强，我国相关部门积极构建和完善绿色制造体系，并陆续出台了许多关于环境和资源保护的法律法规，以规范和指导企业绿色供应链管理。但由于我国当前针对绿色供应链管理的政策体系还缺乏专门的法律和高位阶政策的支撑，需要制定相关法律法规，或围绕绿色供应链管理设立专门的制度规范，明确供应链各环节的相关主体的责任和义务，针对各主体制定具体可操作的管理办法，为企业开展绿色供应链管理提供全方位指导。

1. 增强企业绿色供应链管理意识

目前，大多数企业并未将绿色供应链管理落实到企业的经营管理当中，除绿色供应链管理成本比较高之外，还有一个关键原因是这些企业缺乏对绿色供应链管理的了解，绿色供应链管理意识薄弱。

具体来说，部分企业对绿色供应链管理的认知存在偏差，忽视了绿色供应链管理的全面性，将绿色供应链管理局限在采购、生产、消费等供应链的某个环节中；也有些企业忽视了绿色供应链管理实施主体的集成性和多样性，将绿色供应链管理局限在对供应商、生产商、消费者等供应链某一单一主体的管理方面；还有些企业忽视了绿色供应链管理的普遍性，将绿色供应链管理局限在大企业，没有考虑到中小企业也应该加强绿色供应链管理，积极承担环境保护责任。由此可见，绿色供应链管理的有效实施需要企业对绿色供应链管理有正确的认识，充分认识到绿色供应链管理在企业管理中的重要性。

企业在实施绿色供应链管理的过程中需要根据供应链的整个流程确定长期发展定位，并在开展相关培训活动增强员工的协作能力和绿色发展意识的同时提高企业管理层的可持续发展意识，让企业管理人员和员工都能够了解绿色供应链管理的具体内容和实际作用，从而协调好企业在经济效益、环境保护和社会形象等方面的目标，推动供应链全链条的绿色发展，实现绿色发展与企业文化的深度融合，塑造企业的绿色品牌形象。

2. 建立绿色供应链管理激励机制

绿色供应链管理就是将生态环境保护理念引入供应链管理工作，对供应链全链条和产品全生命周期进行绿色管理。由于供应链各个环节的企业之间存在共同利益，因此供应链中的一些核心企业积极推进生态环境保护和绿色发展不仅有助于自身的可持续发展，也能在一定程度上加快上下游企业实现生产方式的绿色化转型。但供应链上的其他企业可能会在这个共同利益体中坐享他人的成果，这会导致供应链中积极推进绿色供应链管理的企业无法获取显著的竞争优势，难以长期保持绿色生产的积极性。

制定并实施相关激励机制是帮助采用绿色供应链管理的企业保持绿色生产动力的有效方法。具体来说，相关部门可以采取向绿色供应链企业提供资金补助、税收优惠、政策倾斜等方式降低企业开展绿色生产的风险和成本，激励企业加快绿色发展速度。

3. 促进环保产业的技术积累和技术创新

加强生态环境保护是促进我国产业升级和经济转型的关键。在我国相关政府部门的大力支持和各绿色供应链企业的大幅投入下，我国环保产业的规模迅速扩张。但目前我国各环保企业还缺乏足够的环境治理能力，面对重大环境治理问题时仍需借助国外的技术和手段，这主要是因为我国大多数高新技术环保企业都存在资金周转困难、成本预算不足等问题，难以实现有效的业务推广，也难以扩大环保技术的应用范围。

与在环境保护方面起步较早的发达国家相比，我国在环保技术的落地应用方面具有一定的后发优势，环保市场的持续扩大和生态环境保护意识的不断增强都为我国环保产业的发展创造了契机。因此，我国的环保产业既可以学习发达国家在经济发展和环境保护方面的经验，也可以通过培育有竞争力的环保企业来自主研发和生产环保设备，还可以构建和完善环保技术交易平台，积累相关经验和技术，进一步推动绿色供应链管理的快速稳定发展。

惠普绿色供应链管理的实践启示

惠普（HP）是一家十分重视节省材料和能源的循环经济的科技公司，积极推进绿色供应链管理，力图通过提高能效来节省能源，并确立了“到2025年，惠普一级供应商和产品运输相关的温室气体排放强度相比2015年减少10%，并协助供应商到2025年相比2010年减少200万吨碳排放”的绿色供应链管理总目标，积极推进环保减排。

惠普将发展循环经济作为可持续发展战略的核心，不断完善自身的绿色管理体系，并优化相关政策，明确管理标准，进一步增强自身的绿色供应链管理能力。惠普执行委员会是由首席执行官、各个事业部门的负责人和全球职能的负责人组成的绿色供应链执行机构，需要负责审计与绿色供应链管理相关的各项计划。

1. 绿色供应商管理

（1）供应商社会和环境责任

惠普建立了供应商社会和环境责任（Social & Environmental Responsibility，SER）绩效标准，以此来要求供应商提高社会效益与环境效益，并通过定期收集和分析供应商SER绩效信息的方式来对其进行评估。惠普对供应商的要求如表8-2所示。

表8-2　惠普对供应商的三大要求

序号	具体要求
1	要求供应商通过使用环保材料、减少有害物质排放等方式来减少生产活动对生态环境造成的影响，同时支持供应商进行能源管理，减少碳足迹
2	要求供应商增强环保意识，采集并提交废弃物的相关数据，将水资源的保护措施落到实处
3	鼓励产品运输供应商与物流行业共同探索更加环保的运输模式，制订并实行低碳排放的运输计划，进一步优化产品的包装设计和物流运输线路，在提高运输效率的同时减少温室气体的排放

（2）供应商行为准则

惠普是电子行业行为准则（Electronic Industry Code of Conduct，EICC）的创会成员，以行业全球供应链的标准为基础制定了供应商行为准则，并要求所有供应商严格遵循该准则和相关标准，并将相关要求告知下一级供应商，力求让各级供应商都遵循供应商行为准则，确保供应链的每个环节都能实现绿色生产。

与此同时，惠普还通过内部审计和第三方审计的方式对供应商行为的合规性进行监控，具体来说就是将供应商的环境许可证、资源节约情况、空气污染情况、污染防治情况、废水处理情况、废水排放情况、固体废弃物排放情况等作为重要指标来对其绩效水平进行评估。

（3）供应商绩效评估制度

惠普通过实施供应商社会和环境计分卡制度来激励供应商积极保护生态环境，提高供应商的环保意识和环保能力。供应商社会和环境计分卡包含了审计评分、环境管理、矿物采购、产品合规性、材料合规性和劳动力管理等多项绩效评分指标。惠普可以通过供应商社会和环境计分卡充分了解供应商在社会和环境责任方面的绩效，而计分卡标准的不断优化也有助于供应商不断提升生态环境保护能力，为惠普的绿色化转型提供支持与助力。

2. 绿色回收和再利用

1991 年，惠普推出“地球伙伴回收计划”（HP Planet Partners），在全球范围内回收利用惠普打印耗材。不仅如此，惠普还协同政府和相关行业组织来推行新型的废弃物管理方式，并对联合国环境规划署发布的《控制危险废物越境转移及其处置巴塞尔公约》中规定的目标废弃物处置活动予以支持。

（1）硬件和耗材回收

目前，惠普的“地球伙伴回收计划”已经覆盖全球 50 多个国家和地区，促进了废弃计算机设备和打印耗材的回收再利用。具体来说，惠普实施的“地球伙伴回收计划”不仅要对产品进行分解，对材料进行回收，还要按照政策标准与第三方回收厂商以及相关政府部门合作，不断提高回收标准，同时要大力推进废旧电器电子产品回收处理的相关基础设施建设。

（2）硬件再利用

为了充分利用回收物品，惠普在严格遵循政策和标准的前提下与第三方再利用厂商合作，对回收物品进行翻新和再制造，以实现硬件的循环利用。惠普通过回收二手墨盒和塑料瓶等材料制造全新的惠普原装墨盒，打造出一个可循环的塑料再生系统。据经济观察报报道，惠普在海地项目中回收了大量海洋垃圾（超过2500万个塑料瓶）用于生产惠普硒鼓和硬件，截至2020年5月，惠普回收了约6000万个海洋废弃塑料瓶用于制造惠普墨盒和硬件。

（3）第三方审计

为了保证回收物品的再造过程绿色环保，惠普对回收和再利用厂商提出了更高的要求。回收和再利用厂商在回收废弃物、创造新产品的过程中要在取得第三方认证的前提下严格遵循国家和企业的相关规定，并使用绿色加工技术来生产产品。除此之外，惠普还委托第三方环境资源管理（Environmental Resources Management，ERM）公司审计回收再利用厂商的各项生产活动，判断该厂商是否符合国家政策和企业标准。

3. 绿色物流与包装

（1）绿色物流

产品和原材料的交通运输会产生大量温室气体，因此惠普采用先进的物流技术净化物流环境、改变运输方式、提高运输效率，进而减少碳排放，致力于创建一个环境污染和资源消耗更少的绿色物流系统，具体措施如表8-3所示。

表 8-3　惠普公司实现绿色物流的三大措施

措施	具体内容
改变运输方式	与其他运输方式相比，航空运输的温室气体排放强度更大，而且会直接将温室气体排放进平流层，对环境产生更直接的影响，因此惠普选择用海运等相对低碳的运输方式来代替航空运输，在一定程度上达到减排降碳的目的
提高运输效率	惠普通过整合海陆空运输资源制定科学合理的产品运输方案，以直接向客户或附近的分销中心运输产品的方式提高运输密度，最大限度地规避资源消耗较大、碳排放量较大的空运和海运，从而达到节能减排的目的
制定行业标准	为了减少碳排放，惠普与欧洲绿色货运、亚洲绿色货运、国际航空运输协会、全球物流排放委员会、联合国气候和清洁空气联盟等多个物流行业协会合作，共同制定行业标准和温室气体计算方法

（2）绿色包装

包装是产品供应链中的一个重要环节，使用回收率高的包装材料和轻便简易的包装方式不仅能够减少资源消耗，也能节省运输空间，提高运输效率，大幅减少因产品运输而产生的温室气体，减轻环境污染。因此，在产品包装方面，惠普坚持可持续发展原则，优化产品包装设计，以便重复使用，使用可再生材料和可持续材料代替不可回收材料，从而提高产品包装的回收利用率。同时还采取减少新产品的包装材料、避免使用相关物质等方式提高产品包装的环保性，将绿色包装落到实处。

第三部分 智能制造篇

第9章
5G工业互联网：赋能智能制造模式

5G赋能制造业数字化转型

随着社会不断进步，各行业对互联网的传输速率和覆盖规模提出了更高的要求。在这种情况下，4G技术显得力不从心，5G技术应运而生。5G即第五代移动通信技术，是基于4G技术的进一步迭代与升级，能够推动现代互联网技术快速发展，带领各行业更好地发展。

5G技术具有高速率、低时延、高带宽、广连接的特性。相比于4G技术来说，5G技术的性能更加优越，应用场景也更加广泛，能够满足现代工业快速发展的需求。具体来看，5G技术的优势主要表现在以下四个方面，如表9-1所示。

表9-1　5G技术的四大优势

优势	主要表现
高速率	5G的峰值速率可以达到10～20Gb/s，能够实现数据、图片、视频、音频等信息的高速采集和传输
低时延	5G网络的时延可以低至1ms，端到端时延可以低至5～10ms，传输距离大幅增加，能够为工业场景中的实时应用提供支撑
高带宽	5G可以支持更大容量的信息传输，能够同时传输海量信息，从而支持多项工业场景同时进行
广连接	5G可以同时连接海量设备，每平方千米能够连接超过百万台设备，为万物互联提供通信基础

除此之外，5G 还具有功耗低、运营成本低、稳定性强、安全性高、信息利用率高、兼容性好等优势，系统效率非常高，能够为各种工业场景提供支持，推动工业向数字化、智能化的方向发展。

5G 网络基于其特性和优势，能够打造万物互联的场景，从而实现广泛应用。根据国际标准化组织 3GPP（3rd Generation Partnership Project，第三代合作伙伴计划）的定义，5G 系统有三大典型应用场景，即 eMBB（enhanced mobile broadband，增强移动宽带）、mMTC（massive machine type of communication，大规模物联网）、URLLC（ultra-reliable and low-latency communication，低时延高可靠通信）。

（1）eMBB

eMBB 场景主要发挥 5G 系统高速率、低时延的优势，为用户提供大流量移动宽带业务以及高速率数据传输业务，为用户带来更加快速、便捷、高效的信息传输服务，进一步提升用户体验。这一场景要求数据传输速率要达到 Gb/s 级别，并要求接入时延尽可能降到最低。常见的业务类型有边缘计算、超高清视频、虚拟现实、增强现实等。

（2）mMTC

mMTC 场景主要发挥 5G 网络广连接的优势，承载数据全面感知和广泛采集的业务。这一场景要求网络能够提供每平方米内百万台设备的连接支持，同时要兼顾终端性能，需要具备成本低、功耗低等特点。常见的业务类型包括环境监测、智慧交通、智能企业等。

（3）URLLC

URLLC 场景主要发挥 5G 系统低时延、高可靠的优势，以满足各类对时效性要求极高的及时性业务的需求。该场景要求网络在数据传输过程中要保证 100% 的准确率，同时要求端到端时延降低至 ms 级别。常见的业务类型有工业自动化、无人驾驶等。

除此之外，3GPP 还针对不同的应用场景提出了 5G 的 8 项能力指标，分别是峰值速率、用户体验速率、频谱效率、移动性、空口时延、连接数密度、网络能量效率和流量密度，这些能力指标主要用于评估 5G 在各类场景中的应用要求。

“5G+ 工业互联网”的应用优势

工业互联网（Industrial Internet）是将各类先进技术（人工智能、大数据、云计算等新一代信息技术）和设备（智能传感器等）应用到工业活动的各个环节，实现工业、技术、互联网之间的有机融合，推动工业活动各环节向智能化、数字化、网络化方向发展，从而为消费者提供个性化的产品和智能化的服务，最终实现工业数字化转型。工业互联网的出现为制造业带来了前所未有的发展机遇，其应用能够满足现代化制造业发展的要求，能够推动制造业实现高质量发展，从而推动现代化经济体系不断向更加智能的方向迈进，对国家经济实力的提升乃至全球经济的快速发展具有重要的战略意义。

工业互联网的架构可以分为四个层级，即感知识别层、网络连接层、平台汇聚层、数据分析层，各个层级间协同配合，共同推动工业向数字化方向发展。各个层级的职能如表 9-2 所示。

表 9-2　工业互联网架构四个层级的具体职能

层级	具体职能
感知识别层	负责采集各类设备及设备在运行过程中产生的海量数据，是工业互联网架构的基础部分
网络连接层	负责将感知层的数据传输至平台层，是工业物联网架构的神经枢纽
平台汇聚层	负责储存数据，同时汇聚各类技术、设备等海量计算资源，为数据分析层提供强大的算力支持
数据分析层	充分利用各种计算资源，对感知识别层的数据进行精准、智能化的分析，是工业互联网架构的核心部分

近年来，随着信息技术不断进步，工业数字化转型进程不断加快，5G应用于工业互联网成为必然趋势。5G将与工业互联网相辅相成、相互促进，共同打造“5G+工业互联网”模式，加快智能制造模式的落地。

一方面，5G网络为工业互联网的发展提供了有力的技术支撑。5G技术应用于工业互联网能够大幅提高数据采集和传输的速率与可靠性，同时可以实现业务间的无缝衔接，推动工业互联网实现连接多样化、性能差异化、通信多样化，最终实现数字化、智能化发展。

另一方面，工业互联网为5G技术的全面落地提供了重要场景，也为5G技术充分发挥自身价值提供了重要载体。具体来看，“5G+工业互联网”的应用场景主要有以下几种。

（1）实现实时监测与控制

5G技术可以对各类工业场景进行实时监测与控制，实时监控各个工业流程的运行状况，准确洞察工业风险并及时预警，实现高效、安全的工业生产。

（2）增强稳定性

5G网络基于其低时延、高速率、广连接的特性，具备更加优越的性能，稳定性与可靠性极强，能够有效保证工业系统稳定、正常运行。

（3）实现全面互联互通

5G技术具备大容量、广连接、高速率、移动性等优势，能够支持海量智能设备接入工业互联网，同时可以实现海量设备或各个工业流程间的即时通信，进而实现物与物、物与人、人与人之间的全面互联互通，为工业互联网的进一步发展提供有利条件。

（4）提高远程操控的精准度

5G技术基于其低时延、高速率的特性，能够实现信息的实时、准确、稳定传输，从而能够满足远程操控场景中对信息精准度和及时性的要求，提升远程操控的精准度。精准的远程操控是实现工业自动化的前提，对工业生产过程中的降本增效具有重要作用。

（5）推动柔性制造变革

随着用户需求愈发多样化、个性化，柔性制造的重要性日益凸显。而柔性化生产的实现需要部署快速自组织生产线，5G技术可以很好地满足这一需求。5G网络基于其高速率、高带宽、低时延、广连接的优势，能够根据生产要求灵活调整或重组生产线，能够有效解决传统有线连接带来的成本高、安全性差等问题，推动柔性制造更好地发展。

（6）推动智能服务转型

5G技术的应用能够推动工业互联网服务模式的变革，进而为用户带来更便捷、智能化、个性化的服务，提升客户服务体验。常见的智能服务模式有预测性维护和B2C定制等。前者是利用智能传感器实时感知和收集工业现场的数据，将数据上传至数据分析平台进行处理，以精准定位设备故障或洞察设备可能出现的隐患，及时采取措施进行处理，从而保证设备安全、正常运转，减少损失。后者是对海量客户行为数据进行收集分析，掌握客户需求和消费偏好，或者工业企业可以利用5G技术加强与客户的联系，邀请客户直接参与产品生产过程，最终实现产品的定制化生产。

“5G+工业互联网”的技术架构与发展策略

1.“5G+工业互联网”的技术架构

（1）数字孪生

数字孪生技术是根据现实世界中的物理实体或物理过程，在数字世界中创建孪生模型，并借助各类先进技术实现物理实体与数字模型的实时交互和双向映射，以达到智能控制、预测物理实体或物理过程的目的。数字孪生技术对智能制造和“5G+工业互联网”的全面落地具有关键的推动作用。

（2）TSN

随着工业互联网的发展，“确定性时延”逐渐升级为关键技术需求。“确定性时延”要求时延尽可能降到最低，时延抖动大小要控制在可接受的范围内，还要注意多数据流的时延协同。

TSN（Time Sensitive Network，时间敏感网络）是由IEEE 802.1工作组[1]开发的一系列数据链路层协议标准，以传统以太网为基础，增加了时间敏感机制，具备低时延、低抖动、确定传输时间等特性，可以实现数据实时、稳定、可靠传输。

目前，工业互联网领域正深入研究5GTSN，通过优化5G无线网和核心网来实现5GTSN的特殊性能，同时不断推动5GTSN与工业以太网TSN的有机融合，以保证端到端TSN的性能，为智能制造的实现奠定基础。

随着各项信息技术不断进步和广泛应用，TSN技术将不断成熟，并逐渐发展成为一个完善的产业，未来，TSN将与边缘计算、OPC[2] UA（OPC Unified Architecture，基于OPC统一架构的时间敏感网络技术）等技术相协同，形成更强大、更完善的工业互联网技术网络体系，推动智能制造不断发展。

（3）MEC

过去，MEC是指Mobile Edge Computing，即移动边缘计算，随着信息技术不断发展，MEC逐渐演变成Multi-access Edge Computing，即多接入边缘计算，不过其本质都是强调边缘侧的计算服务。

---

[1] IEEE 802.1工作组是IEEE（Institute of Electrical and Electronics Engineers，电气与电子工程师协会）中负责IEEE 802.1标准制定的一个工作组。

[2] OPC全称为Open Platform Communications Unified Architecture，指公开通信平台统一架构。

随着5G网络的发展和普及，“5G+MEC”技术逐渐成为工业互联网技术架构的重要组成部分。得益于5G技术的优势，“5G+MEC”也具备高带宽、低时延等优势，能够为工业数字化转型提供重要的技术支撑，应用于工业互联网也催生了一系列智能化的应用场景，如AR（Augmented Reality，增强现实）远程协助、远程控制、预测性维护、机器视觉质检、远程驾驶等，为工业智能化变革奠定了良好的基础。

随着工业智能化转型需求不断提高，“5G+MEC”技术将与TSN、DetNet（确定性网络）等技术深度融合，打造质量更高、确定性更强的工业网络，为各类智能化工业场景的实现提供条件。未来，“5G+MEC”不再局限于工业领域，而是会逐渐向各个行业渗透，充分发挥深层价值，为各行业赋能。

（4）OPC UA

OPC UA是基于传统OPC架构的进一步升级，能够兼容不同的系统，便于各类工业设备、装置之间进行数据交流，从而保证工业数据安全、可靠地交换与共享。OPC UA技术的应用能够进一步加快工业智能化转型步伐。

（5）大数据

5G与大数据技术融合可以使工业数据以及用户数据的规模实现爆炸式增长，同时5G高速率、低时延、高带宽的优势能够实现海量数据的实时、准确传输，“5G+大数据”可以对海量数据进行精准分析，能够有效提升工业流程的运转效率和用户服务体验。

2.“5G+工业互联网”的发展策略

“5G+工业互联网”赋能智能制造，可以加快制造业数字化转型的进程，因此，发展“5G+工业互联网”成为当前工业领域的重点任务之一。“5G+工业互联网”的发展可以从以下几方面入手。

（1）增强发展基础

目前，我国各制造企业的智能化、信息化程度差异较大，在增强发展基础方面可以采取不同的方法，有针对性、有序地进行数字化改造。

针对智能化、信息化程度比较低的传统企业，政府可以采取轻量级应用普及的方法，出台相关的激励和扶持政策，培养一批具备先进技术和发展模式的工业互联网供应商，并将相关政策落实到这些企业中，推动这些企业率先开展数字化转型，以带领其他相关企业实现数字化改造。

针对智能化、信息化程度比较高的先进企业，政府可以采取重量级重点应用改造的方式，鼓励这些企业进一步加强先进技术和设备的应用，结合自身的发展战略推行“5G+ 工业互联网”改造，不断提升自身实力，力求成为具有强劲实力的国际领先企业。

（2）加强技术研发和标准制定

政府要制定相关的技术标准，鼓励通信企业、科研机构加强与工业各领域的领先企业开展合作，共同研发“5G+ 工业互联网”相关的技术、产品、服务和应用，同时结合政策法规，协同建设“5G+ 工业互联网”在核心技术及应用等方面的标准体系。

（3）构建完善的产业生态

工业企业、政府机构、科研机构、教育机构、相关产业联盟组织等主体要加强合作，结合国际形势和国内工业互联网的发展需求，共同推进“5G+ 工业互联网”的发展和应用，协同创建完善的产业生态。

“5G+ 工业互联网”的应用场景

随着新一代信息技术的进步和应用，工业互联网的发展逐渐呈现出数字化、网络化、智能化的趋势，5G 与工业互联网的融合进一步加快了工业互联网数字化、网络化、智能化的发展步伐。

- 数字化：5G 的 D2D（device-to-device，点对点）通信技术可以实现工业互联网系统之间的互联互通，5G 的 mMTC 场景可以充分发挥 5G 广连接的优势，全面提升通信效率，为工业数字化改造奠定良好的基础。
- 网络化：5G 技术具备低时延、高速率、大容量、广连接、高移动性、高灵活性等优势，能够为工业互联网的发展提供服务支撑。如 5G 的网络切片技术能够满足工业互联网灵活部署的需求；uRLLC 场景可以基于低时延、高可靠的优势，支撑工业互联网的及时性业务；5G+MEC 可以将数据处理工作合理地分散到边缘进行，在降低核心网压力的同时提升网络的运行效率和质量。
- 智能化：5G 技术可以联合人工智能、大数据、物联网等新一代智能技术，推动工业互联网系统各模块的智能化、自动化转型。

5G 技术能够有效满足工业互联网的发展需求，其应用于工业互联网领域已经成为必然趋势，相关的应用场景如下。

1. 云 AR/VR

工业制造领域对 AR（Augmented Reality，增强现实）、VR（Virtual Reality，虚拟现实）的应用通常用于自动化生产，这就要求通信网络具有超低的时延，通常通信时延不能超过 10ms。5G 低时延的特性恰好可以满足这一要求，5G 网络的时延最低可低至 1ms，这对工业 AR、VR 的应用和发展以及工业自动化的全面落地具有重要的推动作用。

2. 云端机器人

云端机器人是云计算与智能机器人结合的产物，其工作原理是在云端进行数据分析和处理，然后将数据处理结果实时传输至终端进行应用。云端机器人对网络时延和带宽的要求非常高，既要求信息传输和处理的总时长要低于100ms，又要求带宽至少达到10Gb/s。5G网络具备低时延、高带宽、高速率的优势，其与工业网络融合可以很好地满足云端机器人的要求。

3. 无人驾驶

5G技术与汽车制造业融合，可以大幅提升汽车的性能。汽车可以通过5G网络与智能传感器实时全面地感知和分析路况和车辆状况，自动制定合理的行车路线，提升行车效率，降低事故风险，推动无人驾驶技术快速发展，加快无人驾驶场景落地。

4. 资产跟踪

5G技术可以结合物联网、RFID（Radio Frequency Identification，射频识别）等技术为各类资产设置身份编码，企业或资产管理者在进行资产管理时可以依托5G低时延、高速率、广连接的优势，实时定位资产的位置或实时监督资产的使用情况，提升资产管理效率。

5. 远程控制

5G技术应用于远程控制场景，可以凭借低延时、高可靠的优势实现精准、高效的远程操控。这类场景通常应用于危险系数高或人工难以完成的高难度生产活动中，例如油田开采等。这类活动通常需要在作业现场和远程控制中心部署相关智能设备，两端的智能设备通过5G网络实时、准确、高效地传输信息，从而提升作业效率，降低工作人员的风险。

6. 智慧港口

港口运输对通信网络的性能也提出了更高的要求，要求通信网络具备低时延、高可靠和大带宽等特性，以高效地完成货物运输工作。5G网络高速率、高带宽、低时延、广连接的优势，可以完美地契合港口运输对网络的要求。5G技术应用于智慧港口，可以实时掌握即将停靠的船舶以及货物数量，从而制定合理的货物装卸或搬运策略，同时优化港口资源配置，以实现港口高效、安全运转。目前，我国已在青岛和宁波舟山完成了智慧港口建设，并已经投入使用。

第 10 章
工业智能：AI 驱动制造业转型升级

工业 AI 的系统框架与关键技术

工业 AI 就是工业人工智能，指的是通过将人工智能技术应用于工业领域来推动工业生产和决策走向智能化。工业 AI 不仅能大幅提高生产效率和生产质量，还能有效减少成本支出，是现阶段以及未来一段时间内工业发展的主要方向。

具体来说，工业 AI 具有革新产品设计模式、优化生产资源配置、提高生产决策的智能化水平、推动生产过程实现智能感知等多项作用，能促进工业系统快速实现自感知、自学习、自执行、自决策、自适应，从而提高工业系统对环境变化的适应能力，增强工业系统的生产设计能力，以便其能够更好更快地处理更加复杂多样的工业设计、生产等项目，从而进一步提高工业生产效率和产品质量。

1. 工业 AI 的系统框架

工业 AI 融合了大数据、云计算、人工智能、工业互联网、信息物理系统等多种新兴技术，在工业领域的应用能够大幅提高工业生产运行的效率和灵活性，并在充分保障产品生产质量的同时最大限度地解决资源和能源问题。因此，工业 AI 的大规模应用将成为工业行业未来的发展趋势。

阿里云的工业大脑能够汇集系统数据、工厂设备数据、人员管理数据、产品生命周期数据等各类企业数据，并利用机器学习和人工智能等多种先进技术将这些数据与行业知识融合，进一步围绕数据、算力、算法构建智能制造技术体系，从而达到提升工业生产效率、降低生产成本、提高产品质量和保障生产安全等目的。

现阶段，除产品生产制造外，市场环境和产品定位也会对工厂利益产生影响。随着工业 AI 技术的发展和应用，未来工厂的利益将受到更多因素的影响。具体来说，工业 AI 技术在工业领域的应用如图 10-1 所示。

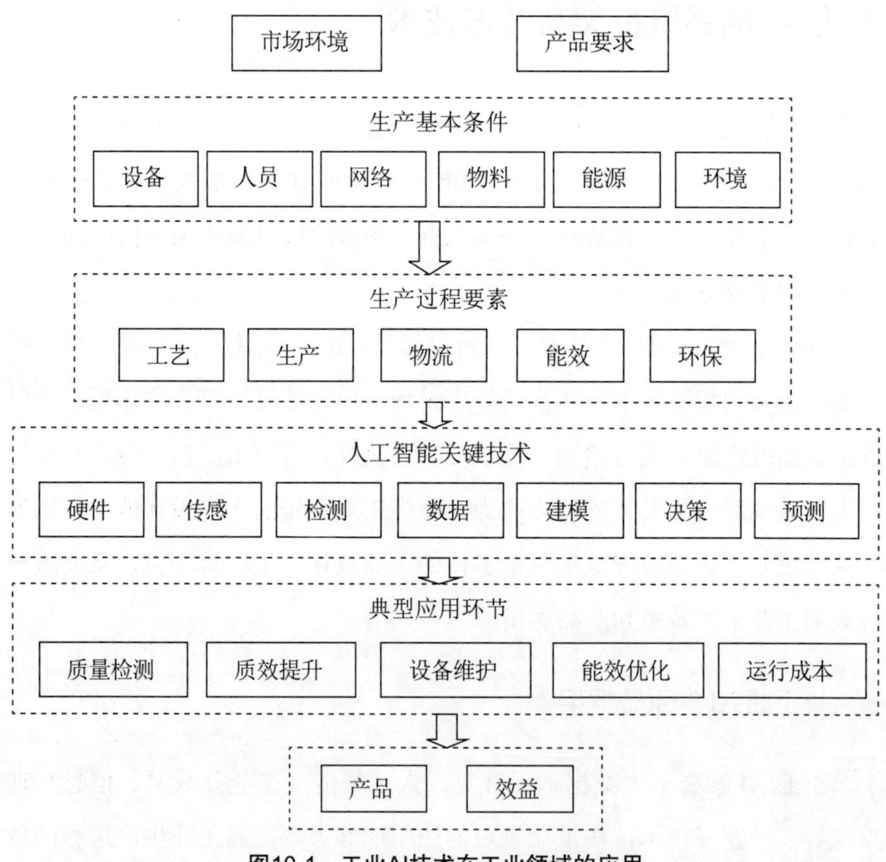

图10-1　工业AI技术在工业领域的应用

工业 AI 覆盖了产品研发、产品生产、产品销售、供应链物流、产品市场需求等各个环节，应用的具体内容如表 10-1 所示。

表 10-1　工业 AI 技术应用的具体内容

项目	具体内容
生产条件	工业 AI 技术的应用主要涉及生产环境、生产资料、人员配置、生产设备配置、动态能源消耗等内容
生产过程	工业 AI 技术的应用主要涉及生产工艺、生产管理、能效要求、环保要求、产品检验、工业互联网、工业大数据、物流计划调度等内容
人工智能技术应用	工厂可以利用智能建模、智能预测、智能决策、智能传感、智能检测等技术以及人工智能硬件实现对工业生产的有效控制，从而大幅提高产品的生产效率和质量，达到提升工厂的经济效益和社会效益的目的

现阶段，工业 AI 在部分环节和技术领域的研究和发展已经取得了一定的成果。具体来说，目前工业 AI 已经基本实现了生产过程控制、设备故障诊断、设备健康预测、物料库存管理、生产效益分析、面向对象的质量检测等功能。

2. 工业 AI 的关键技术

在工业 AI 的实际应用方面，关键技术主要包括硬件、传感、检测、数据、建模等。

（1）硬件

人工智能的三要素分别是算力、算法和数据，如果要增强三要素之间的互相促进和互相支撑作用，充分发挥人工智能在工业生产中的作用，就离不开具有强大数据处理能力和较高数据处理速度的硬件。一般来说，在工业领域，工厂会选取人工智能芯片作为工业生产分散处理和现场传感检测单元的底层硬件，这类芯片也叫作边缘计算网关，能够在一定程度上满足工业生产对人工智能边缘计算的需求。

人工智能使用的 AI 芯片具有类型多样的特点，可以根据技术架构或应用场景进行分类。从技术架构来看，AI 芯片可以分为以下几种：现场可编程逻辑门阵列（Field Programmable Gate Array，FPGA）等半定制芯片、专用集成电路（Application Specific Integrated Circuit，ASIC）等全定制芯片、中央处理器（Central Processing Unit，CPU）和图形处理器（Graphics Processing Unit，GPU）等通用芯片、模拟人脑的新型类脑芯片。从应用场景来看，AI 芯片大致可以分为推断芯片、训练芯片和终端计算芯片等几种类型。

不同类型的 AI 芯片的作用也各不相同。具体来说，训练芯片可以训练数据，能够帮助人工智能解锁核心模型。推断芯片可以根据新数据进行推理分析和判断，能够帮助人工智能得出准确的结论。除此之外，软件开发工具包（Software Development Kit，SDK）也能为人工智能提供推理和模型服务。终端计算芯片可以在终端进行边缘计算，能够满足人工智能对终端硬件的算力要求。

（2）传感

人工智能的应用场景中充斥着大量不同类型的数据和技术，这些数据大多来自传感器。具体来说，人工智能可以配备视觉传感器、味觉传感器、听觉传感器、电量传感器、生物量传感器和物理量传感器等多种传感器，能够快速精准地感知各类信息，并及时将获取到的各类信息转换成数字信号。

一般来说，传感器大致可以分为两大类，分别是常规传感器和智能传感器。其中，常规传感器可以直接采集、转换和处理各类信号；而智能传感器是融合了微处理机的传感器，不仅能够高效地处理各类信号，还能够采集、处理和交换各类信息。

（3）检测

工业 AI 系统的产品生产与设备状态、生产物流、生产环境、市场环境、能耗要求、生产质量要求等密切相关，因此，人工智能需要及时采集和分析上述要素的相关数据信息，并利用这些数据强化自身的数据分析能力，进而提高检测效率以及检测结果的准确性、可靠性，将生产和应用成本控制在合理区间内，以便工业AI系统能够得到大范围推广应用。

传统的工业检测技术具有独立感知、独立检测、离线集中式检测等特点，随着人工智能技术不断发展，工业AI所使用的检测技术已经能够利用多种类型的传感器采集到的数据进行关联分析和溯源，对生产线和设备进行实时在线检测，并快速向标准化、智能化的方向推进。

不仅如此，检测还是诊断的基础。如果工业生产活动因一些突发情况而中断，发生生产事故，造成一定的损失，工厂可以先借助传感器采集与产品、设备、生产线等相关的信息数据，利用智能检测技术对这些数据进行处理，并借助人工智能提取数据特征，最后利用深度学习、大数据分析等手段实现高精度、自动化、智能化诊断和溯源，找出问题所在，及时解决问题以恢复生产。

（4）数据

为了推动人工智能在工业领域的发展和应用，技术人员应不断增强工业AI的数据分析能力。随着计算机网络技术飞速发展，计算机的容量和运算速度有了质的提升，网络云平台也实现了迅速发展，功能变得越来越完善，应用场景也变得越来越丰富，这大幅提高了大数据应用的可行性和便利性。

一般来说，大数据指的是大量来源于不同时序、不同行业、不同领域的数据，具有数据量大、类型多样、价值高、实时性强、关联性低等特点，工业AI在对这些数据进行分析时往往需要花费大量时间和资源。除工业领域外，其他行业和领域也都有大数据，这些数据中蕴含着大量有价值的信息，如果要充分发掘这些信息的价值，则需要对大数据进行搜索、处理、分析、归纳和总结。

（5）建模

在产品设计环节，受各类因素的影响，不同情况下的产品往往需要用到不同的模型，因此，建模的过程就是了解和把握产品特点、控制对象、生产要求、市场需求等要素的过程。构建特定的模型不仅需要全面了解工业生产的相关设备、工艺、材料、关键部件等因素与产品生产质量、生产效率之间的关系，还要掌握生产设备和部分部件的退化机理和剩余寿命预测技术，精准把握生产线上各个工序之间的关系。一般来说，人工智能使用系统通常是具有多个输入量或输出量的系统，其控制对象具有更高的复杂性和多样性，控制系统需要借助离散模型、状态空间法、人工智能技术和应用等实现高效率、高精度、高复杂性的建模和控制。

工业 AI 应用的四大典型场景

目前，工业 AI 已经广泛应用于工业生产的各个领域，是推动工业迅速发展的助推器。工业 AI 应用的典型场景包括生产过程监控与产品质量检测、能源管理与能效优化、供应链与智能物流、设备预测性维护等。

1. 生产过程监控与产品质量检测

产品质量是企业生存与发展的基础，是企业富有竞争力的重要体现。近几年，越来越多的高端企业开始对产品质量进行严格把关，执行高标准、高要求，其中就包括了很多制造企业。这些制造企业在生产过程中利用工业 AI 技术可以精准把控长链条工艺参数与加工精度，对异常的工艺参数进行检测、溯源并及时优化，提高生产设备性能，严格把控产品质量。

产品生产完成后，质检人员需要及时检测产品的尺寸和表面缺陷。为了方便操作，质检人员可以借助超声、红外、视频、图像等技术，获取产品的二维、三维图像信息。人工智能下的机器视觉技术凭借高精度、自动化、零接触等特性，可以高效地完成产品的批量检测与分类，降低劳动强度，提升工作效率。

2. 能源管理与能效优化

在工业生产中，能源管理与能效优化是企业降本增效的一个重要举措。工厂设备的节能管理需要借助人工智能算法对能源进行优化管理，实现企业成本最小化。同时，在智能电网的发电、输电、变电、配电、用电及电力调动等环节，人工智能也发挥着极其重要的作用。

例如，在变电环节，AI 技术的应用可以减少变电站的数量，进而减少占地面积，提高变电效率，实现节能、降本、增效。从能耗指标 PUE（Power Usage Effectiveness，电源使用效率）智能优化和能量智能调度管理的角度分析，AI 技术的应用能有效解决能源管理问题，实现能源智慧化管理。此外，AI 技术还能基于系统参数实现在线检测，对下一时段系统的冷负荷工况、系统能耗及能效优化控制参量进行预测分析，实时调控系统载冷，调节系统能耗，做到节能减排。

3. 供应链与智能物流

中国物流业的迅速发展扩大了智能物流的应用范围和广度。例如顺丰速运引入人工智能技术，基于成本、库存、运输工具、车辆和人员等信息优化车辆调度策略，实现了物流端与供应端的互联互通。在人工智能技术的驱动下，供应链与物流智能化主要体现在以下三个方面，如表 10-2 所示。

表 10-2　供应链与物流智能化的三大表现

表现	具体应用
实时决策	对于量大、复杂的运输任务，人工智能算法能够帮助供应链管理人员分析最佳行车路线和时间，选择最优车辆，实现最优决策
流程优化	利用人工智能，管理人员能够二次构建物流运作流程，基于信息和物流数据在车辆检修、货物装卸等问题上做出科学决策，优化物流运行流程，提升物流效率
自动分类	智能机器人的摄像头能够快速分拣货物、快件和包裹，还能利用拍照功能检测货物是否损坏，及时进行修正

4. 设备预测性维护

工业设备在长期运行过程中会不可避免地出现性能下降、设备故障等问题，尤其是大型工业设备部件多、工序复杂，长时间运转后设备会出现严重老化。设备是否正常运转直接关系着生产效率的高低，如果不能及时发现并解决这些问题，会给整个生产流程造成不良影响，导致企业无法正常开展生产活动与运营活动。

在设备运行的监测数据和退化机理模型的先验知识的辅助下，制造企业应用人工智能技术可以及时检测故障设备，预测设备剩余使用寿命（Remaining Useful Life，RUL），进而设计最优的维修方案，增强设备运行的安全性和可靠性。

基于寿命预测和维修决策的预测性维护是工业生产制造过程的关键性技术，具有安全性高、可靠性强等特点，能够提高生产效率，减少设备的停机时间和维修成本，在高铁、电力、数控机床、航天、石油化工等领域得到了广泛应用。

面向智能制造的流程型工业

流程型工业是为制造业提供原材料和能源的基础工业，包括石化、化工、造纸、水泥、有色、钢铁、制药、食品饮料等行业，是我国经济持续增长的重要支撑力量。

流程型工业与离散型工业存在显著差异。离散型工业为物理加工过程，产品可以单件计数，制造过程容易实现数字化，强调个性化需求和柔性制造。而流程型工业的生产运行模式特点突出，包括：原料变化频繁，生产过程涉及物理化学反应，机理复杂；生产过程连续，不能停顿，任何一个工序出现问题都会影响到整个生产线和最终的产品质量；部分产业的原料成分、设备状态、工艺参数和产品质量等无法实时或全面检测。流程型工业的上述特点突出地表现为测量难、建模难、控制难和优化决策难。

1. 我国流程型工业的发展现状

我国流程型工业的发展正受到资源紧缺、能源消耗大、环境污染严重等问题的制约。流程型工业具有高能耗、高污染的特点，石油、化工、钢铁、有色、电力等流程型工业的能源消耗量、二氧化碳及二氧化硫的排放量均位居全国工业的首位。随着我国经济持续发展，流程型工业原料的对外依存度不断上升，资源和能源利用率低是造成资源紧缺和能耗高的一个重要原因。

我国矿产资源总回收率、能源利用率均低于国外先进水平，这导致我国钢铁、电力、化工等8个高耗能行业的单位产品能耗与世界先进水平相比存在一定的差距。我国矿产资源复杂，资源禀赋差，随着优质资源的枯竭，资源开发转向“低品位、难处理、多组分共伴生复杂矿为主”的矿产资源，导致资源综合利用率比较低、流程比较长、生产成本比较高。

为了解决资源、能源与环保问题，我国流程型工业从局部、粗放式的生产模式向全流程、精细化的生产模式转变，例如钢铁、石化等行业提高了资源与能源的利用率，降低了对环境的污染。但因为转型不够充分，所以高效化和绿色化仍然是我国流程型工业发展的必然方向。

2. 我国流程型工业面临的挑战

在我国流程型工业发展过程中，自动化与信息化技术发挥了极其重要的作用。集散控制系统（DCS）的应用促使流程型工业实现了管理信息化，增强了各个生产环节的信息管理，提升了各个生产环节的效率和质量，基本实现了网络化制造。

同时，在信息化与工业化深度融合方针的指导下，我国流程型工业企业信息化技术的应用与推广也达到了一个新的高度。这些工作极大地促进了我国流程型工业由落后到跟随，进而并跑的发展历程，为我国流程型工业实现领跑奠定了基础，为我国流程型工业由大到强的转变产生了积极的推动作用。我国流程型工业在发展壮大的同时也面临了许多严峻的挑战，主要体现在以下四方面，如表 10-3 所示。

表 10-3 我国流程型工业面临的四大挑战

序号	挑战
1	随着矿产资源的开采，难冶资源的比例增大，特别是我国有色矿产资源禀赋比较差，富矿少，难选和难冶矿多，共伴生矿多，于是如何高效利用国内的低品位共伴生矿产资源成为亟待解决的问题
2	随着环保标准不断提高，由于流程型工业整体排放体量大，环境保护压力也不断增大，因此如何提高流程型工业企业的环保水平，让流程型工业更好地履行社会责任迫在眉睫。解决这一问题的关键在于加强绿色技术创新，加快流程型工业企业的绿色化发展
3	随着我国流程型工业不断发展，虽然流程型工业主要产品的单位能耗在不断降低，但由于体量大、能耗总量大，节能减排面临着巨大的挑战
4	流程型工业有许多岗位，人力成本比较高，需要人工智能与行业深度融合，用智能机器人或者人工智能系统代替部分人工，以实现降本增效

上述问题体现了我国流程型工业发展不充分、不平衡的矛盾。为了解决这些问题，我国流程型工业亟须引入新一代信息技术，以人工智能为抓手实现智能化转型与升级，实现绿色生产、高效生产。

3. 基于智能制造模式的流程优化

流程型工业的生产过程伴随着一系列复杂的物理化学反应，其物质转换和能量转移难以准确数字化；生产过程中的物料也无法跟踪标记，而且存在物料循环利用与混合的问题；生产过程包含多过程组合，连续生产，处理过程不可分割；我国流程型工业原料的多源与成分的多变，给生产过程带来很多不确定性。正因为上述特点，流程型工业的智能制造模式与离散型工业有着显著区别。

根据流程型工业生产的特点，其智能制造的核心是通过全流程整体优化实现智能制造，是以企业全局及经营全过程的绿色化和高效化为目标，以智能生产、智能管理和全流程整体智能优化为特征，以知识自动化为核心的制造新模式。

全流程整体智能优化主要包括工艺优化、运行优化、资源与能效优化，如表 10-4 所示。

表 10-4　全流程整体智能优化的四大内容

环节	具体内容
工艺优化	工艺优化包含工艺控制、设备使用知识模型及工艺参数的优化、生产流程的优化等
运行优化	运行优化主要包含计划和调度知识模型、全流程生产运行的优化，企业各部门协同优化等
资源与能效优化	资源与能效优化主要包含自动感知、处理、分析企业的内外部大数据，以及优化资源利用效率和全企业能效

基于工业 AI 的流程型智能制造

流程型制造企业通常采用由企业资源规划（Enterprise Resource Planning，ERP）、制造执行系统（Manufacturing Execution System，MES）和过程控制系统（Process Control System，PCS）组成的三层结构，具体运作流程如表 10-5 所示。

表 10-5　流程型制造企业的具体运作流程

序号	具体流程
1	企业经理通过 ERP 系统获取生产过程中各生产设备的参数，再按照自身积累的知识和经验确定产品综合生产指标（成本、能耗及产品质量等）的目标值范围

续表

序号	具体流程
2	生产部门经理通过 MES 获取生产信息，再借助自身积累的经验确定生产制造全流程的生产指标的目标值范围
3	工艺工程师和运行管理者先利用 PCS 取得运行条件，再借助感官（即听觉、视觉、触觉）获取具体信息，然后按照自身积累的知识和经验进行判断，确定实际生产过程中的成本、能耗及产品质量等运行指标的目标值范围
4	操作人员根据自身积累的知识和经验决定 PCS 的控制命令。PCS 可以通过控制整个制造和生产过程跟踪控制受控过程的输出，提高设备的运行指标，将整条生产线的生产指标控制在期望的目标值范围内

1. 传统流程型制造企业面临的运营难题

在企业生产运营的过程中，企业生产目标（即环境保护、利润等）、控制指令、生产指令、运行指标、资源规划与调度等事项，仍然需要管理者凭借其拥有的知识和经验进行决策。但管理者难以对企业目标、生产计划与物料调度进行一体化决策，也无法集成与优化 ERP 和 MES 两大系统。

原因在于，生产现场的操作人员可以利用信息系统获取生产信息，借助大脑的认知、学习、分析、决策能力和自身的知识、经验，对综合生产指标以及制造和生产全过程的操作指标、生产指标、控制系统指令进行决策，但无法精准地感知到企业生产运行过程中的动态变化，难以实现对生产制造过程的优化。

总结而言，我国流程型制造企业面临的主要痛点体现在缺乏高度智能化的自主控制系统与管理决策系统上，即企业资源规划、工艺流程、产品设计、生产流程、运营管理等各个制造环节的协同化、信息化、自动化水平不足。

2. 基于工业 AI 的流程型智能制造模式

随着 5G、云计算、大数据等新兴技术快速发展，工业互联网和工业

AI应运而生。工业AI可以通过结合特定的工业场景和人工智能技术的方式，实现资源优化配置、智能生产决策、设计模式创新等。

工业AI使工业系统具备了自感知、自学习、自决策、自执行以及自适应能力，能够在复杂多变的工业环境中实现多元化的工业目标并完成多样化的任务，促进产品质量、生产效率以及设备性能的大幅提高。

流程工业的智能制造是一种以实现对整个制造、生产过程的智能管理和决策，以及智能优化和智能自主控制为特征的制造模式。该模式一般会包含以下两个系统。

①智能自动控制系统：实现控制系统和制造过程的智能化、自动化，例如智能运行优化、高性能智能控制、运行状态识别和自优化控制等。智能自动控制系统的具体功能如表10-6所示。

表10-6　智能自主控制系统的具体功能

序号	具体功能
1	智能感知生产条件的动态变化
2	为了优化运行指标，自动设置控制系统的设定值
3	智能跟踪控制系统设定值的变化，将实际运行指标控制在目标值范围内
4	通过实时移动监控和远程监控对异常运行工况进行预测，确保系统安全、稳定地运行
5	与各个工业过程的智能自主控制系统互相配合，优化整个生产过程

②智能管理决策系统：该系统主要由工况识别与自优化控制、虚拟制造过程和智能优化决策等子系统构成，其主要功能如表10-7所示。

表10-7　智能管理决策系统的具体功能

序号	具体功能
1	对制造过程、市场信息、生产情况的实时运行情况进行感知
2	为促进企业走向高效化和绿色化，全面优化完善企业计划调度指标、综合生产指标、制造生产全流程生产指标、控制指令以及运行指标
3	在决策过程动态性能方面实现远程移动可视化监控
4	借助自优化和自学习决策，促使人与智能优化决策系统尽快实现协同，让决策者面对不断变化的环境依旧能准确决策

第 11 章
机器视觉：智能时代的“工业之眼”

从机器视觉到工业机器视觉

近年来，随着新一代信息技术的迅速发展和工业碳中和的持续推进，机器视觉技术在工业生产领域的应用越来越广泛。机器视觉技术能够有效提升工业生产的质量和效率，在工业领域的应用前景十分广阔。

机器视觉技术是一项检测技术，可以借助各类传感器和光学设备抓取目标物体的位置、尺寸、颜色、形状、状态等信息，并将这些信息转换为数据信息，再结合计算机分析、数据分析、模式识别等技术对数据信息进行分析处理，最终实现目标物体的高效检测和生产机器的自动化控制。机器视觉技术具有信息量大、速度快、功能多等显著特点。

早在十九世纪，照相机的出现就标志着机器视觉开始萌芽，无声电影也可以算作机器视觉的范畴。由此推算，机器视觉经历了较长的发展历史，不过在近些年，机器视觉的概念才被正式提出。目前，手机、相机等机器视觉产品已经融入人们的生活，此外，机器视觉技术还衍生出了许多便捷的新功能，如二维码等。

从本质上来讲，机器视觉技术实际上是模拟并替代人眼视觉的一种技术，但机器视觉技术的能力更强大、精准度更高、适用范围更广泛，能够完成人眼无法完成的测量和判断工作，如对高精度或超小尺寸物体的精准测量和判断，危险工作环境中的检测工作等。可见，机器视觉技术的优势非常明显，且目前正处于持续进步阶段。

事实上，机器视觉应用系统是一套图像处理系统，每个模块分别执行不同的功能，也代表着不同的工作步骤，如图 11-1 所示。

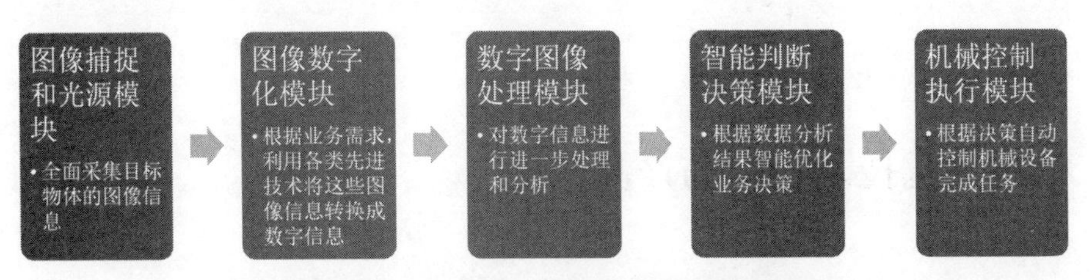

图11-1　机器视觉应用系统各模块的功能

不过，在具体实践中，并非所有工作步骤都需要执行，系统只需要根据不同的业务需求执行至相应的步骤即可，例如在仅需要获取数据的业务中，系统只需要工作到图像数字化这一步即可。

简单来讲，工业机器视觉就是机器视觉在工业领域的应用。在工业领域，需要进行检测、测量和判断的事物非常多，并且通常对速度和准确度的要求极高。另外，工业生产通常会涉及很多危险的工作环境，在这些环境中，人工作业的缺陷暴露无遗，而机器视觉技术的优势却被凸显出来。机器视觉技术可以代替人工在危险的工作环境中高效、精准地完成检测工作，对工业自动化、灵活化、高效化生产具有重要作用。此外，机器视觉技术也可以应用于大批量的重复工作中，提升工作效率，实现人员的优化配置。

工业机器视觉使用各类传感器对工业生产过程中产生的数据进行全面收集，并通过 5G 网络、工业专用网等将收集到的数据上传至工业数据处理中心进行分析处理。之后，工业企业就可以基于数据及其分析结果优化生产方案，或开展定制化生产，从而实现智能制造、柔性制造。

从产业链层面来看，工业机器视觉产业链包括上游的零部件及软件、中游的工业机器视觉装备、下游的系统解决方案及应用。现阶段，我国的工业机器视觉产业尚处于起步阶段，产业链各个环节存在一定的问题，具体表现为：上游的零部件和软件供应商规模比较小、技术水平相对较低；中游工业机器视觉产品的性能有待提升；下游解决方案不够完善，应用领域比较狭窄，仅局限于汽车、消费电子、半导体等领域。

机器视觉技术功能与产品落地

机器视觉涉及的技术领域非常广泛，包括传感器技术、图像识别和采集技术、图像处理技术、光学成像技术、图像增强和分析技术、模拟与数字视频技术、机械工程技术、自动控制技术等，是一项综合型技术。相应地，完整的机器视觉应用系统应当具备图像捕捉模块、图像数字化模块、数字图像处理模块、智能判断决策模块和机械控制执行模块。

1. 机器视觉技术的主要功能

机器视觉技术有四大功能，分别是识别、测量、定位、检测。下面对这四大功能进行具体分析，如表 11-1 所示。

表 11-1　机器视觉技术的四大功能

功能	具体描述	主要应用
识别	可以根据目标物的外形、颜色、字符、条码等特征准确识别目标物，对目标物进行追踪管理，在目标物出现质量问题后进行回溯	主要应用于光学字符识别、光学字符验证、条码识别和码垛搬运等场景
测量	可以用常用的度量衡单位对图像像素信息进行描述，然后在图像中将目标物的长宽高精准地计算出来	主要应用于尺寸标注和误差测量，可以精准地测量小尺寸、形态复杂的物体，并保证测量结果的精准度

续表

功能	具体描述	主要应用
定位	可以获取目标物体的位置信息，实现对目标物体的精准定位，并引导生产设备或检测设备向目标物体移动	主要应用于物品搬运等场景，可以精准地感知物品位置
检测	可以对目标物体的外观进行检测，判断目标物体的装配是否存在问题，检查目标物体的外观是否有划痕或者凹凸不平的问题	主要应用于产品的质量检测等场景，可以及时发现产品缺陷

相较于人类的肉眼视觉来说，机器视觉技术有很多优点，包括可以快速采集并分析图像信息，可以更好地适应环境，识别结果更精准、客观，可以持续稳定地工作等，可以用于提高产品质量、降低生产成本、实现生产数字化等场景，具体如表 11-2 所示。

表 11-2　机器视觉技术的应用场景

应用场景	具体应用
提高产品质量	机器视觉技术可以对小尺寸、不规则、精细化的零部件进行检测，在检测过程中几乎不会发生漏检，为产品生产提供指导，最大限度地降低产品的次品率，保证产品质量
降低生产成本	机器视觉技术可以在几微秒的时间内完成对图像信息的采集与处理；一台机器视觉设备可以完成需要多人完成的工作，并实现 7×24 小时不间断工作；机器视觉技术的柔性化程度比较高，只需要调整算法或者增加硬件就可以应对生产过程的改变
实现生产数字化	机器视觉技术可以采集图像并对图像进行处理，为智能生产与工业互联的实现奠定良好的基础

2. 工业机器视觉产品的应用

随着工业生产领域的智能化发展，各式各样的新型工业场景层出不穷，对工业视觉技术的需求不断提高。同时，工业机器视觉客户需求的多样化、特异化程度日益加深，促使工业机器视觉产品不断更新迭代，逐渐向标准化、模块化、定制化方向迈进。对工业机器视觉产品供应商而言，实现产品定制化有利于提升自身的竞争优势，提高运营效率。

为此，很多领先企业将产品研发的重心转移到客户需求上来，不断地根据客户需求优化和创新产品，将非标准化的产品进行重组，实现产品的标准化、模块化生产，以满足客户的个性化需求，同时提升自身业绩。

此外，机器视觉技术与工业领域的持续融合，将进一步推动工业机器视觉产品的智能化升级，产品性能和精准度也将持续提升。例如在石化工厂，复杂管线的“跑冒滴漏”问题时有发生，且检测和维修难度比较大，容易造成资源浪费。高精度的石化巡检机器人为这一问题提供了有效的解决方案，机器人可以实时、精准地识别故障位置，甚至可以自行携带工具进行维修。在煤矸石处理产线上，工业视觉机器人可以对煤矸石的位置、形状、大小、重量等信息进行分析和评估，快速制定合理的夹取方案，同时自动控制机械手采取合适的力度进行夹取，从而实现煤矸石资源的高效、自动化采集。

基于机器视觉的工业检测应用

工业质量检测也是机器视觉技术的重要应用领域。工业产品的制造都需要经历多个工业流程，而每个流程都可能产生次品。如果整个工业制造流程完成后产品次品率比较高，就会对企业发展造成不良影响。传统工业质量检测通常是在全部流程完成后对成品进行质量检查，剔除不合格的产品，这种方式不仅成本高，而且检测效率低，严重制约了企业的高质量发展。因此，对工业制造各个流程中的半成品进行实时检测并及时剔除次品非常重要，不仅可以节约生产成本、提升产品质量，更能推动企业进一步升级。

随着制造业的持续发展，工业生产效率不断提升，工业产品数量急剧增加，这导致产品质量检测工作的强度持续加大，对产品检测效率和精准度的要求也越来越高。在这一背景下，传统的人眼识别和判断的检测方式已经无法满足检测要求，制造企业亟须改变工业检测方式。

例如，在啤酒企业酒瓶的质量检测中，瓶身的尺寸和外观都是需要检测的内容，传统的啤酒瓶检测需要通过人工完成。啤酒企业每天生产的啤酒瓶数量非常多，按照传统的检测方式，企业需要花费大量的人力成本，而且人工检测效率低、精准度差，无法确保酒瓶质量。可见，在现代化生产过程中，传统的工业质量检测方式已经不再适用。

机器视觉技术的出现和发展为工业质量检测带来了行之有效的解决方案。企业可以将机器视觉设备安装于各个生产流程中，实现产品的生产加工和质量检测同步进行，发现次品即自动剔除，这样不仅可以提升检测效率和精准度，节约生产成本和人力成本，还可以提高生产速度，推动企业实现高质量发展。

在工业质量检测环节，机器代替人工检测应用较多的场景有外观检测和高精度检测。

1. 外观检测

在外观检测方面，利用机器视觉技术代替人工进行检测的场景通常有两种：一是产品对外观质量的要求非常高，例如医药领域安瓿瓶的外观检测、药品瓶口检测，汽车制造领域的轮毂外观检测等；二是产品数量极其庞大，检测工作重复性高，人工检测费时费力，例如啤酒瓶的外观检测，大批量普通商品的包装检测等。传统人工检测的方式需要耗费大量的人力成本和管理成本，同时大量的重复性工作极易导致人眼疲劳，降低检测效率和检测的精准度。

机器视觉技术具有自动化、非接触、高精度、客观性强的优势，可广泛应用于各类工业产品的外观检测，通过对产品外观的图像信息进行自动捕捉、精准分析，并将分析结果与事先设定的标准值进行对比，实现对产品外观的快速、精准、高效检测。机器视觉技术代替人工进行产品外观检测，不仅可以提高检测效率和精确率，而且能够节约企业的人力成本，对促进企业智慧化升级具有一定的推动作用。

2. 高精度检测

在高精度检测方面，很多工业产品对精密度的要求极高，甚至可以达到微米级，同时产品检测工序非常复杂，人眼无法完成检测工作。此外，这些检测工作对准确率要求也非常高，一旦出现检测误差，将会带来极其严重的后果。最典型的场景包括硬币字符检测、人民币造币工艺检测、电路板检测等，这些检测工作只能通过机器来完成。机器视觉技术恰好可以满足这类产品的检测要求，并且可以达到接近 100% 的合格率。

航空航天领域对各类装置的精密度要求极高，医药领域对药品生产环节的检测要求以及医疗设备的精密度要求也非常高，因此，机器视觉技术在航空航天制造业、医药业等领域都有广阔的应用前景。此外，机器视觉技术还具备定位检测的功能，为其在工业质量检测领域的应用创造了良好的条件。未来，机器视觉技术将被广泛且深入地应用于各行业，为全面实现智能制造发挥积极的推动作用。

机器视觉在工业机器人中的应用

随着现代化科技的快速发展及其在工业领域的深入应用，工业机器人随之诞生。工业机器人是一种省时省力、精准便捷、具有一定自主性的机器设备，能够自动执行各类工业操作，提升工业生产的效率和水平。目前，工业机器人已经在汽车、电子、化工、物流、食品等多个行业投入应用。

机器视觉技术的出现对工业机器人性能的提升具有重要作用。工业机器人可以利用机器视觉技术对处于运动状态的目标物体进行实时跟踪和检测，准确识别目标物体的实时位置和运动方向，实现对运动目标物体的精准识别，这一性能的突破将为工业自动化的全面落地创造有利条件。

机器人视觉系统的工作包括相机定位、图像分析与处理、目标物状态识别及机器人的动作控制四部分。在具体实践中，机器人视觉系统首先会借助定位技术获取目标物体的位置、图像等信息，其次将这些信息进行分析和处理，从而确定目标物体的状态，最后根据业务流程，结合物体状态自动操控机器人完成相应的动作。

机器视觉技术与工业机器人融合，可以代替人工更加快速、高效地完成各种工业活动，推动工业生产向更加自动化、智能化的方向发展。目前，机器视觉在工业机器人领域的应用场景主要包括以下几种。

1. 引导和定位

引导和定位是机器视觉技术在工业机器人领域最广泛的应用场景。工业机器人可以借助机器视觉技术对目标零件进行快速、精准定位，并通过图像分析和状态识别引导和控制机械装置进行精准操作。机器人定位和引导模式通常有以下三种，如表 11-3 所示。

表 11-3　机器人定位和引导的三种模式

模式	具体操作
固定相机模式	在这一模式下，定位相机会被部署在设备机架上，不会跟随机器人运动。这一模式包括抓取工况、抓取偏移、纠正工况和放置工况。在具体操作过程中，相机会捕捉来料的大致位置信息，并将信息实时传输给工业机器人。工业机器人会根据这些信息抓取来料，当抓取偏移时会根据流水线进行自动调整，最后将来料放置在预定位置。这种模式对工位间传送机构的准确性要求比较低
运动相机模式	在这一模式下，定位相机会被安装在机械臂顶端，并且会跟随机械一同运动。在工作过程中，相机会动态地捕捉来料的相关信息，并通过图像分析、数据分析等来操控机械臂抓取和放置来料。运动相机模式与固定相机模式的工作流程不同，适应的环境与硬件条件也不同，不过最终的工作结果是一致的

续表

模式	具体操作
固定相机与运动相机结合的模式	这一模式可以提升硬件安装的适用程度，灵活应对不同的设备安装场景，引导机械手臂准确抓取来料

此外，在半导体制造领域，机器视觉技术可以精准定位芯片位置，并根据位置信息准确拾取和绑定芯片，有效弥补传统芯片位置定位不准确、难以拾取的缺陷，推动半导体制造业实现高质量发展。

2. 识别读取

图像识别是指工业机器人借助机器视觉技术对图像信息进行捕捉、分析和理解，从而精准识别相应对象。这一应用场景可以实现产品的追踪和溯源，从而实现更高效的产品管理，目前在食品药品、汽车零部件等领域实现了深入应用。

机器视觉技术在识别读取场景中的典型应用案例是二维码和条形码。二维码和条形码可以承载商品的很多信息，各类机器设备借助机器视觉技术进行扫码，从而获取商品的相关信息，并将信息传输至管理中心，以实现商品的精细化管理。随着机器视觉图像识别技术的持续进步和广泛应用，条码识别和读取工作会变得越来越容易，这对工业生产领域实现降本增效具有重要意义。

3. 物体分拣

物体分拣也是机器视觉应用的一个重要场景，是基于图像识别读取和检测场景的进一步操作。工业机器人识别物体种类后，再通过数据分析和图像分析操控机械手臂完成物体分拣。

在传统生产线上，物体分拣工作需要依靠人力来完成，由工作人员按照生产标准进行物料的分拣和投放，这种方式不仅效率低，而且精准度比较差，同时工作重复性强，太多的人力投入会造成人力资源的浪费严重。而使用工业机器人代替人工，可以有效提升工作效率和分拣的准确率，同时可以大幅降低人力成本。机器视觉技术与工业机器人结合后，工业生产效率将得到进一步提升。机器人可以借助机器视觉技术对产品的图像信息进行捕捉和分析，进而确定物料的种类和数量，同时操纵机器人将物料精准地放置在生产线上，实现智能化、自动化的工业生产，为智能制造的落地奠定基础。

第 12 章
数字孪生：工业智能化的核心技术

数字孪生赋能工业智能化

制造业是国民经济支柱性产业，是全球经济发展的重要引擎，无论发达国家还是发展中国家都高度重视制造业的新一轮发展和变革。作为排名世界第一的制造业大国，我国的制造业在全球经济市场中具有很强的竞争力，制造业的高质量发展是构建我国现代化经济体系的重要战略。

在“中国制造 2025”“互联网 +”“工业互联网”等国家战略的指引下，制造业在未来的发展中要与大数据、5G、人工智能等新一代信息技术相融合，向智能化、数字化方向转型升级，实现创新发展，完成从“制造大国”向“制造强国”的转变。在智能制造浪潮下，数字孪生应运而生，成为推动制造业智能化转型的关键技术。

所谓“数字孪生”，是指基于传感器、相关的物理模型以及历史运行数据的采集，集成的多种学科、不同尺度的仿真过程。作为现实世界实体物品在虚拟空间的镜像，数字孪生能够反映实体物品全生命周期的所有信息。

工业数字孪生即数字孪生技术在工业领域的应用，基于模型、数据等信息构建的数字化转型方法论是其基础，工业数字孪生是工业领域物理对象（包括资产、行为、过程等）的精准数字化映射。此外，在物联网技术的赋能下，工业数字孪生可以对相关模型进行实时完善和驱动，实现工业全流程的持续优化。

1. 数字孪生的关键技术

（1）多源异构数据集成技术

在实际应用中，受各种因素的影响，各工业设备和软件中的数据无法流畅共享互通，出现了比较严重的“信息孤岛”问题。多源异构数据集成技术是在统一的数据标准下，采集归纳人员、设备、物料、方法、环境等要素的数据，并进行标签化处理，构建信息空间中的数字工厂。

（2）多模型构建及互操作技术

数字孪生模型凭借多要素、多尺度、多领域、多维度模型等特性，清晰地展现了数字孪生对象“几何—物理—行为—规则”模型结构属性，对于构建、刻画数字孪生对象模型具有重要意义。在工业领域，为实现模型间的双向映射、动态交互和实时连接，需要对数字孪生物理对象和数字空间进行模型构建，并进行交互转换。

（3）多动态高实时交互技术

多动态高实时交互技术致力于实现数字孪生全闭环优化和用户的直接交互。在数据和模型的指引下，优化生产执行与精准决策，通过3D数字化方式把生产过程中的人员、设备、物料、方法、环境等各项数据融入虚拟空间，连接物理实体和信息虚体，实现信息与数据在各部分间的交换传递，同时借助人机交互向物理对象反馈控制指令，实现最直观的交互。

2. 数字孪生驱动工业智能化

设备级、工厂级和产业级服务是数字孪生在工业领域的主要服务内容，可以实现对设备的实时监控、对生产全过程的管控、对产品全生命周期的追溯，相关应用场景分析如下。

（1）设备实时监控和故障诊断

在工业设备生产过程中，数字孪生发挥着重要作用，可以实时感知、监控设备的运行状态，并收集相关数据，这些数据涵盖的信息非常广泛，有设备生产运行信息、设备监控信息、设备维护信息以及管理信息等。基于所收集到的监控数据，数字孪生可以实时把控设备的生产工艺与生产过程，对故障设备进行精准定位，将设备经常发生的故障及解决方案收集起来建立故障及维修案例库。

（2）设备工艺培训

3D 智能培训和维修知识库是工业设备工艺培训的重要内容。数字孪生在该领域的应用可以利用 3D 动画，对企业员工进行生产设备原理、生产工艺等培训，缩短人才培养时间，提升培训效率。

（3）设备全生命周期管理

为提高设备的利用率，达到设备操作、车间管理和厂级管理的多层需求，企业可以从工业设备运行管理、维护作业管理和设备零配件全生命周期管理出发，集中监视设备的实时运行情况，经过分析、汇总形成设备管理情况统计、设备运行情况统计和设备运维知识库。

（4）设备远程运维

工业设备的工作现场环境复杂多变，数字孪生技术为企业精准、高效的设备管理和远程运维管理提供了重要的技术支持。企业可以利用智能设备收集设备运行的原始信息，积累后台数据，叠加复用专家库、知识库，实现对数据的挖掘和智能分析，从而优化设备管理，提高设备运维管理效率。

（5）工厂实时状态监控

在工厂设备生产制造过程中，数字孪生具有采集、汇聚设备实时数据的功能，可以基于数据模型，集成、融合实体车间和虚拟车间的全要素、全业务、全流程数据，通过车间实体与虚体的互联互通，助力设备监控、生产要素、生产过程等虚体同步运行，实现设备的最优生产运行。在此过程中，数字孪生技术发挥着重要的辅助作用，为事前准备提供生产前虚拟数字孪生服务，为事中管控提供生产中实时数字孪生服务，为事后优化提供生产后回溯数字孪生服务。

近年来，数字孪生技术的应用越来越广泛，在智能制造、智慧交通、智慧医疗、智慧城市等领域发挥着重要的推动作用。特别是在智能制造领域，数字孪生是加速器，加速推动了智能制造与工业互联网和物联网的融合。尤其随着大数据、AI、5G 等新一代信息技术迅速发展，数字孪生成为推动数字经济与实体经济深度融合的重要技术。然而，作为一种新型技术，数字孪生在推动经济高质量发展过程中面临着各种风险与挑战。鉴于此，企业需要用发展的眼光提前预判风险，采取多种措施应对挑战，构建更加全面的数字孪生系统，拓展数字孪生应用的广度和深度，这是推动数字孪生持续发展的重要举措。

基于数字孪生的产品设计

在中国实施制造强国战略第一个十年行动纲领——《中国制造 2025》的指导下，5G、物联网、人工智能等新一代信息技术在制造业实现了广泛且深入的应用，推动制造企业不断升级，向着智能制造的方向稳步前进。作为实现智能制造的一项关键技术，数字孪生获得了广泛关注。

数字孪生应用于制造业的逻辑是用数字化的方式创建一个物理对象，对这个物理对象在现实环境中的行为进行模拟，对产品生产制造过程乃至整个工厂环境进行虚拟仿真，从而提高生产效率。数字孪生面向产品的整个生命周期，为物理世界与信息世界的互动交融提供有效的解决方案。

传统的单机设备制造应该遵循“方案布局—机械设计—程序 / 电气 /

软件设计—现场调试—交付使用”的流程。在这个过程中，数字孪生主要应用于设计阶段，创建一个数字化的虚拟样机，同时进行机械设计、程序设计、电气设计和软件设计，在虚拟环境中对整个制造过程进行验证。

在验证过程中发现问题可以在模型中进行修正。例如在生产过程中，机械手发生干涉，可以改变爪手的外形，对输送带的位置以及工作台的高度进行调整，然后再次进行仿真，保证生产过程正常进行。虚拟调试结束之后，可以将虚拟样机完整地映射到实际设备中，提高设备调试效率，缩短设备研发周期。

虚拟样机的创建要遵循以下流程：

（1）创建数字模型

在机械设计阶段，利用 Creo、SolidWorks、NX 等软件，仿照现实生活中的设备创建设备的数字模型。数字模型要尽量贴近真实的设备，这是数字孪生与物理实体的“形”。这里的“形”主要包含机构外观、零件尺寸、相对安装位置等。

（2）创新虚拟信号

CAD（Computer Aided Design，计算机辅助设计）模型是静态的，而现实设备在不断变化。利用运动仿真软件模拟设备的运动组件，赋予其一定的物理属性，设置虚拟信号，对设备运动组件的运动轨迹及限制范围、移动方向、速度、位移和旋转角度等做出合理设置，这是数字孪生体与物理实体的“态”，可以让数字孪生体与现实设备保持统一的运动姿态，最终实现数字孪生。

（3）信号连接

利用 PLC（Programmable Logic Controller，可编程逻辑控制器）的虚拟仿真功能，将 PLC 程序中的 I/O（Input/Output，输入 / 输出）信号与虚拟信号连接在一起，运行程序，与上位机的控制界面相结合，对虚拟信号进行校核。PLC 连接包括两种方式，一种是软连接，一种是硬连接。软连接就是利用 PLC 本身的仿真模型功能实现“软对软”的通信，同时借助以太网 TCP/IP 协议（传输控制协议 / 网际协议），实现“硬对软”的通信。

（4）虚拟调试

虚拟调试是利用计算机对产品生产过程进行模拟的环节，这个过程涵盖了机器人和自动化设备、PLC、气缸、电机等单元，然后利用产品制造工艺对产品设计的合理性进行验证。创建了机器人单元模型之后，就可以将其放到虚拟世界中进行测试与验证。

3D 模型与数字孪生的区别在于，3D 模型只能静态地展示设备，数字孪生则可以对设备设计、制造、运行等过程中的数据进行整合，利用这些数据对设备设计模型进行动态优化。借助数字孪生技术，设计人员可以在产品设计阶段及时发现异常功能，在产品投入生产之前消除这些缺陷，保证产品质量。

基于数字孪生的柔性化生产线

在产线设计方面，对产线设计的合理性进行验证是最难的一个阶段。因为一个产线涵盖了很多道工序，对产线进行验证必须在负载下对这些工序的各项参数进行验证。过去，这个过程必须在实际物理装置装配好之后才能进行。但现在借助数字孪生技术可以对整个工艺流程进行模拟，在数字空间中对实际产线进行复制，提前对安装、测试工艺进行仿真，在虚拟空间完成对产线的验证。

利用数字孪生技术对产线进行验证获得的记录可以用来指导实际产线的安装，从而降低产线安装成本，提高产线各设备之间的连接效率。机器调试过程中产生的数据则可以用来优化生产过程，包括能耗、产能、稼动率等。对于生产线来说，这一功能的应用空间非常广。

为实现个性化、定制化生产，企业必须打造柔性化、智能化的生产线。现有的生产线能否用来加工生产新产品，生产过程是否会出现问题，这些都需要进行首件测试，在测试过程中更换零部件，整个过程需要耗费很长时间。

如果利用数字孪生技术，让PLC程序驱动虚拟生产线运行，在虚拟环境中对现有的生产线能否生产新产品进行验证，发现新产品生产过程中可能存在的问题，优化控制程序，修改换型零件，完成虚拟调试，然后用虚拟调试的结果指导现实生产线进行调整，就可以快速完成产线调试，打造一个柔性生产线。

具体来看，数字孪生应用于产线层需要做好以下几个方面的工作。

①基于设备的数字孪生模型，将各个机台模型整合到同一个虚拟空间，这个过程要做好数字模型的处理工作。从某种程度上看，模型优化程度决定了产线层的数字孪生能否有序运行。为了满足大数据量模型的导入需求，相关人员要提高计算机的硬件配置。

②模型在虚拟空间的运动要实现动力学控制，在虚拟空间创建重力场，赋予模型一些物理属性，例如质量、惯量、摩擦、气压等。在虚拟验证阶段，验证人员要及时发现器件异常、机构干涉等问题，提前采取措施规避和处理这些问题，提高产线设计、制造和调试效率。

③如果各设备使用的是不同厂家开发的PLC控制程序，想要将这些设备产生的信号数据汇聚到中央控制系统数据库，必须开发通用的通信接口。将数据整合到一起之后，中央控制系统数据库统一进行信号配置，驱动各虚拟设备的执行组件协同工作，生产各环节的视觉控制系统、机器人控制器单元需要将检测和位置状态信息进行模数变换，通过上位机数据库驱动虚拟机器人同步运行。

④网络集成和网络协同能力，利用云计算收集各设备的运行数据、易

损件使用次数，将各设备的节拍与设计时序放在一起进行对比，判断二者是否吻合；对各关键指标数据进行实时监控，判断其是否正常，从而实现数字孪生的远程运维和管理。

基于数字孪生的数字化工厂

以设备层和产线层为基础，在工厂层创建数字孪生体，将物流控制体系整合到一起，对设备、物料、人员、计划等进行数字化管理。其中，物料管理主要是出库、入库和盘点，工作人员可以通过数字孪生平台直接查看物料编号和数量，创建一个真正意义上的数字化工厂。

这个数字化工厂集成了MES系统，通过采集数据驱动虚拟物料和AGV（Automated Guided Vehicle，自动导引运输车）小车，将虚拟世界与现实世界连接在一起，驱动二者同步运行。工厂在运行过程中，一旦某个设备出现问题，便会发出警报，工作人员就可以通过数字孪生平台迅速确定报警设备所在位置，然后通过智能手机或者平板电脑在远端运维平台上实时查看设备运行情况。除此之外，数字化工厂还有预报功能，会提前一周提醒工作人员为某个设备更换零部件，以免设备因为零部件故障停止运行，进而对生产进度造成不良影响。

在实现智能制造之前，工厂要对生产规划及其执行情况有一个全面了解，具体内容如表12-1所示。

表12-1　工厂需要掌握的生产规划及其执行情况

序号	具体内容
1	工作人员要将在生产环节收集到的信息反馈到产品设计环节，将规划、执行过程串联在一起形成一个闭合环路，利用数字孪生模型将现实世界与虚拟世界连接在一起。简单来说就是将PLM（Product Lifecycle Management，产品生命周期管理）系统、制造运营管理系统以及生产设备整合到一起实现集成应用

续表

序号	具体内容
2	工作人员在将过程计划发布至制造执行系统后，利用数字孪生模型制定详细的作业指导书，并将生产设计的全过程连接在一起。一旦某个环节发生变更，整个过程就会随之更新
3	工作人员要利用大数据技术收集质量数据，参照这些数据对数字孪生模型中的数据进行更新，对设计方案与实际生产结果进行对比，判断二者是否存在差异。如果存在差异，要找出导致差异的原因和解决方法，以达到预期的生产结果

工厂层的数字孪生是在产线层数字孪生的基础上建立起来的，通过与MES/ERP数据连通，与智能仓储模型和AGV模型在工厂的运动轨迹相结合，建立数字化工厂，让虚拟工厂进入漫游模式，将物流系统和自动化设备的运行数据实时显示出来。

随着数字孪生技术不断发展，其在智能装备制造领域将实现深入应用，智能工厂也将快速发展。作为智能工厂的重要组成部分，数字孪生技术有助于打造数字化、虚拟化的设备与生产线。随着大数据、云计算等技术不断发展，数字孪生的作用范围将从设备工序扩大到流程系统，即通过反复的模拟计算生成数据资源库，利用深度学习等人工智能技术逐渐实现数字孪生对实体流程的自适应、自决策。如果生产需求、业务场景发生变化，生产流程就会自动调整，真正实现智能化生产。

第四部分 数字化工厂篇

第 13 章
数智变革：企业工厂的数字化转型

数字化工厂的特征与优势

数字化工厂（Digital Factory，DF）是一种利用数字制造技术和计算机仿真技术在计算机虚拟环境中根据产品数据对产品的生产过程进行仿真、评估、优化和重组的组织生产方式。数字化工厂能够根据真实的工业生产过程对产品的研发、制造、销售、服务等环节进行虚拟仿真和优化，进而实现智能制造。

数字化工厂利用物联网将设备、人、系统连接在一起，不仅可以实现信息的无障碍流动与交互，消除“信息孤岛”，而且可以解决传统工厂人工成本高、生产效率低、设备故障频发等问题，减少设备因故障停机所造成的损失，提高生产效率，降低生产成本。

例如，数字化工厂利用物联网将所有生产设备连接在一起，对设备的运行状态进行实时监控，收集设备运行数据，对数据进行深入分析，从而发现设备可能发生的故障，提前发出预警并制定解决方案，将故障消灭在萌芽状态，保证每台设备都处在最佳运行状态，降低设备因故障而停机的发生频率，减少工厂的损失。同时，数字化工厂引入了自动化生产设备，可以减少人工投入，保证产品质量。

1. 数字化工厂的主要特征

具体来看，数字化工厂的特征主要表现在以下三个方面，如表13-1所示。

表13-1　数字化工厂的三大特征

特征	具体表现
建立连接	数字化工厂可以对各个业务流程进行信息化改造，将各个业务流程连接在一起，实现信息流通与交互，消除信息孤岛
获取洞察	数字化工厂可以发现各个生产流程存在的问题，通过解决这些问题提高生产效率，降低生产成本，提高盈利能力与市场竞争力
自主决策	数字化工厂可以获取大量业务数据，对数据进行深入挖掘，以精准地识别各类风险，优化资源配置，实现自主决策，逐步实现对生产现场的智能化管理

2. 数字化工厂的应用价值

具体来说，数字化工厂主要有以下几个方面的应用价值。

①节省工艺规划时间。数字化工厂能够快速积累、分析、调取和应用各类工艺知识，对生产工艺等进行预规划，从而节省工艺规划时间。

②缩短生产线布线周期。数字化工厂可以在离线编程模式下进行生产线仿真，利用机器人等设备执行离线程序，达到减小工作量和避免现场错误的目的。

③提高产品质量。数字化工厂能够针对产品制定全流程数字化解决方案，帮助负责产品设计和生产等各个环节的工作人员及时发现产品存在的问题，及时处理，达到完善产品设计，提升产品工艺，保证产品质量等目的。

④降低生产成本。数字化工厂具有仿真功能，能够在计算机虚拟环境中对产品从设计到生产的各个环节进行仿真，实现产品预生产，帮助企业找出产品的不足，并对虚拟数据进行调整和验证，从而达到降低生产成本的目的。

⑤实现精益生产。数字化工厂能够提高产品生产线的信息化程度，增

强生产设备的信息管理和信息分析能力，推动生产模式走向精益化，帮助企业实现精益生产。

⑥降低生产风险。数字化工厂可以通过对生产计划数据的仿真分析实现对生产情况的精准预测，让企业根据预测结果调整和优化生产计划，从而达到降低生产风险的目的。

综上所述，数字化工厂能够通过仿真实现生产工艺规划、产品设计优化等功能，帮助企业加快产品上市速度和市场响应速度，减少在产品设计、规划和生产等环节的成本支出。

数字化工厂管理系统

数字化工厂能够在虚拟环境中利用数字仿真、数字制造和虚拟现实等技术对工业生产过程进行仿真优化，提高工厂在产品研发、产品生产、运营管理等方面的水平和效率。数字化工厂融合了多种先进的数字化技术，是推动制造业走向数字化、信息化、智能化的关键。

1. 数字化工厂管理系统的关键技术

具体来说，数字化工厂管理系统主要应用了以下几项技术。

（1）数字化建模技术

目前，工厂使用的制造系统大多是非线性离散化系统，需要提前准备好生产材料、生产设备、生产工具、产品模型、生产人员等，建立实际物理模型对产品设计理念进行验证，并通过物理实验和小批量试制等方式对产品性能和生产过程中可能出现的问题进行预测。而数字化工厂可以利用数字化建模技术打造数字化的仿真系统，通过在虚拟环境中构建数字化模型实现对产品整个生产过程的优化。

（2）虚拟现实技术

虚拟现实技术在工业制造领域的应用是利用三维虚拟仿真场景代替传统的二维平面设计图，以提高工业生产的可视化水平，让用户能够在虚拟环境中切身体会产品生产的整个过程。

（3）优化仿真技术

数字化工厂可以借助数字化模型、仿真结果以及相关预测数据发现工厂中存在的问题，并利用优化仿真技术找到合适的方法解决问题。具体来说，数字化工厂可以利用优化仿真技术实现对产品的静态性能、动态性能、可制造性、可装配性等性能的仿真优化，对加工路线、资源分配、物料供应等产品制造环节的仿真优化，以及对产品检测、制造管理、工厂布局、车间布局、生产线布局等方面的仿真优化。

（4）应用生产技术

为了提高工业生产的自动化水平，数字化工厂需要将应用生产技术融入数字化工厂系统，为各项生产活动提供设备控制程序、工序、应用接口和报表文件等，全面提高各项数字化设计的实用性，加速数字化设计在实际生产中的广泛应用，进一步提高工厂生产的数字化水平。

2. 数字化工厂管理系统的三个环节

数字化工厂管理系统能够将虚拟仿真、虚拟现实、增强现实和数字化建模等技术应用于产品生产制造的全过程，全方位提高产品生产的数字化水平。具体来说，数字化工厂管理系统主要包括三大环节，分别是产品设计、生产规划和生产执行。

（1）产品设计环节：三维建模是基础

在产品设计环节，数字化建模技术既能够帮助数字化工厂降低成本，也能推动产品研发设计流程中各项业务的集成。一方面，数字化工厂可以搭建产品的三维模型，并在虚拟环境中利用该模型完成各项验证、试验和预测等工作，降低成本支出；另一方面，三维模型包含了产品全生命周期的所有属性信息和相关数据，数字化工厂可以利用产品数据管理（Product Data Management，PDM）、协同产品定义管理（collaborative Product Definition Management，cPDM）等统一的数据平台充分掌握这些数据信息，集成从产品设计研发到产品制造过程中的各项业务。

以美国波音公司为例，该公司将数字化建模技术应用于737-NX项目和787项目，通过三维建模提高了产品开发速度，降低了产品设计环节的时间成本，同时也利用PDM和cPDM实现了设计制造协同，促进产品生产制造各流程的信息交流，大幅提升了产品生产效率。

（2）生产规划环节：工艺仿真是关键

在生产规划环节，数字化工厂能够以PDM和cPDM等统一的数据平台中的数据信息为依据，以虚拟仿真为技术手段，通过提前调整设备配置、安排物流通道、优化生产线设计、升级生产制造工艺等方式，对工厂规划做出指导。

在工业领域，大型设备制造行业通常会将虚拟仿真技术应用于飞机、船舶和车辆的虚拟制造规划。以斯柯达捷克工厂为例，该工厂将虚拟仿真技术应用于工艺路径规划，并结合西门子Tecnomatix工业软件对生产线进行优化升级，从而降低生产线的改造成本。

（3）生产执行环节：数据采集是重点

在生产执行环节，数字化工厂可以借助各种数字化手段集成MES与ERP、PDM、cPDM等系统，实现产品属性信息在各个系统间的互联互通和实时同步更新，进而提高产品生产执行环节的数字化水平，最大限度地解决产品生产制造过程中存在的信息沟通不及时等问题。

以玛莎拉蒂Bertone工厂为例，该工厂利用互相连通的MES和ERP、PDM、cPDM等系统实现了Quattroporte和Ghibli在生产和组装环节的全自动化，大幅提高了这两款车生产线的产能。

数字化工厂建设与实施方案

传统工厂存在人工成本高、生产效率低、设备故障难预测、生产隐患多等诸多不足之处，而数字化工厂融合了物联网等先进的数字化技术，能够破除设备、人、系统之间的数据壁垒，实现数据信息互联互通，进而有效解决以上问题，大幅提高工厂的生产效率、生产质量和生产水平。

具体来说，数字化工厂可以利用数字化手段实现对所有生产设备的实时监控以及对各项相关数据信息的实时采集和分析，及时发现生产设备存在的潜在问题，并向相关管理人员或维修人员发送提示和解决方案，确保工厂内所有生产设备的运行状态都能够长期维持在最佳水平。对工厂来说，这既能够降低人工成本，也能有效提高产品生产质量。

1. 数字化工厂建设的核心要素

数字化工厂建设的关键在于通过提高工厂装备、工厂物流、设计研发和生产过程等方面的数字化程度来革新产品设计方式、产品生产工具和企业管理模式。各种信息技术的应用加快了工业领域产业变革的速度，推动工业走向数字化、智能化，应运而生的数字化工厂能够综合利用各种先进的信息技术实现产业链和价值链的重构与升级，模糊各个行业的边界，推动各行各业实现跨界合作，进一步提高数字化工厂在自动化、信息化、一体化、精益化、集成化方面的水平。

数字化工厂建设需要提高传感器、伺服电机、PLC 等工控产品和装备的数字化水平，并利用数字化的工厂装备对产品设计、产品研发、产品生产等环节提供数据支持。

除此之外，数字化工厂建设还需要提高工厂物流的数字化程度，让物流系统通过主动感知对产品出厂、装卸、转运等产品运输的全过程进行精准高效的跟踪，从而进一步提高物流环节的高效性、安全性和透明度。

不仅如此，数字化工厂更要推动产品设计研发环节走向数字化，集成计算机辅助设计（Computer Aided Design，CAD）、计算机辅助工程（Computer Aided Engineering，CAE）、计算机辅助工艺过程设计（Computer Aided Process Planning，CAPP）、计算机辅助制造（Computer Aided Manufacturing，CAM）、产品生命周期管理（Product Lifecycle Management，PLM）和虚拟仿真等多种技术和应用，实现设计、工艺、制造、检测等环节的一体化。

企业建设数字化工厂的过程需要充分利用各种数字化手段提高生产过程的数字化程度，加快建设制造执行系统的步伐，并积极推进 MES 与 PLM、ERP、车间现场自动化控制系统等数字化生产管理系统融合应用，做好车间生产过程管理。

MES 是制造企业应用的生产信息化管理系统，能够整合和处理大量关于市场、服务、供应链、产品设计、MRP 和 ERP 等方面的信息，同时连接生产计划、物料清单（Bill of Material，BOM）和数据采集与监视控制系统（Supervisory Control And Data Acquisition，SCADA）进行信息传递和产品生产过程管控，促使整个产品生产制造价值链中的不同企业、不同业务、不同系统、不同地域实现端到端集成，推动企业的产品生产制造快速实现数字化、智能化。

2. 数字化工厂的实施方案

（1）车间现场管理

①以按期交货、控制生产成本为目标，对整个生产过程中的物流、资金流进行协调控制，以实现低成本、高质量、高效率生产。

②对各个订单的生产过程进行动态跟踪与监控，实时掌握订单的生产进度、产量、质量、工时、成本等信息。

③对车间进行精细化管理，在宏观地汇报工作的同时，对各个生产环

节的微观数据进行精细化管理，对产品生产质量、工时、生产成本等信息进行跟踪监控。

（2）仓库管理

①数字化工厂可以使用条码管理，为所有进入工厂的原材料、耗品、半成品、成品添加二维码，以便实时掌握这些物品的库存情况以及出入库情况，做好管理，保证物品库存的准确度。

②对仓库内的物料进行条码化管理，仓库管理人员通过扫描二维码可以获取物料的存储位置、出入库历史、库存明细、原料采购信息、检验信息、成品生成信息、包装信息、质检信息等，为物料出库、入库、移库、盘点等工作的开展提供方便。

（3）计划管理

收到订单后，计划员可以立即查询订单中物品的库存信息，如果库存不足要立即安排采购，并下达生产任务，将生产任务推送给相关的业务部门，保证各部门之间的工作实现流畅衔接。系统会根据订单中物品的库存水平、单需求、在途数、在制数、安全库存、批量大小等信息自动生成采购需求与生产需求。

（4）工业 App 应用

工业 App 要借助工业互联网技术构建智能设备基础设施，通过人机互动对产品生产过程进行实时监控与智能管理。

基于工业物联网的数字化工厂

工业物联网（Industrial Internet of Things，IIoT）可以根据需要在工厂部署人工智能、机器学习、增强现实、虚拟现实、数字孪生、云计算、边缘计算等智能技术，借助这些技术实现智能制造。

工业物联网是实现智能制造的重要基础，因为工业物联网可以为智能制造的实现提供一个平台，将传感器、设备、控制器、数据库、信息系统等连接在一起，实现信息的自由交互与流通，并借助现有技术拓展其功能，延长其使用寿命，为生产企业改善产品质量、优化供应链管理、实现绿色低碳可持续生产提供充足的数据支持。此外，工业物联网还能辅助现场的技术人员确定机器维修时间，对各类基础设施的运行情况进行动态监控，对工厂内的资产状况进行跟踪管理。

1. 物联网技术在工业领域的应用

物联网在工业领域的应用主要有四个层次，分别是数据采集与展示、基础数据分析与管理、深度数据分析与应用、工业控制，具体如表 13-2 所示。

表 13-2　物联网在工业领域的应用

应用层次	具体应用
数据采集与展示	物联网可以将工业设备传感器采集到的数据上传到云平台，然后将数据以可视化的形式呈现出来
基础数据分析与管理	基础数据分析面向的主要是通用数据，不涉及各领域的专业数据。物联网可以利用云平台采集设备数据，根据数据分析结果产生一些 SaaS（Software as a Service，软件即服务）应用，例如设备性能指标异常告警、故障原因分析、故障代码查询等
深度数据分析与应用	深度数据分析面向的是各领域的专业数据，需要特定领域的专家根据设备的特性建立数据分析模型，对专业知识的要求比较高
工业控制	工业互联网的主要功能是对工业生产过程进行精准控制，利用传感器采集数据，对数据进行建模分析，在云端形成决策，并将决策转换成设备可以理解的指令，实现对设备的控制，提高设备间信息交互的精准性与高效性

整个工业领域是由很多不同的行业组成的，这些行业之间的差异巨大。物联网与各个行业相结合，需要根据行业特性进行自我调整。虽然目前受应用成本的影响，物联网主要应用于大型企业，但随着硬件成本、

服务价格不断下降，其应用范围将不断拓展，终将在中小企业得到广泛应用。

2. 基于工业物联网的数字化工厂

以工业物联网为技术基础的数字化工厂可以借助将现代化的具备感知能力和监控能力的传感器、控制器融入工业生产过程的方式，对数据进行实时采集、智能分析、移动通信，从而提高工业制造水平、生产效率、产品质量，并减少资源消耗，从传统工业制造转向智能化工业制造，从本质上实现突破。

（1）数字化生产管理

在现代工业中，工业物联网技术主要应用于工业生产环节，利用工业物联网技术进行工业生产能够基于设备各个时期的状态参数，判断和预测设备是否出现故障，从而为客户提供更优质的维护服务。

以在工业生产现场采集的大量数据为基础，通过对这些数据进行持续深入挖掘发现生产过程存在的短板，从而有针对性地对生产工艺进行优化。除此之外，工业物联网技术应用于工业生产过程也能实时监控机器设备、作业人员、周边环境、安全状态等信息，全面获取生产过程中的共享要素信息，推动网络监控平台实现再升级。

（2）数字化供应链管理

以物联网技术为基础可以实时监控并有效把控工业生产的原材料、成品等在采购、销售和库存等各个环节的情况，通过对这些实时数据进行分析可以对原材料的供应情况和价格趋势等信息做充分了解，从而进一步对企业生产的供应链管理体系进行完善和优化，提升供应链运行效率，降低生产成本。

除此之外，在现代工业生产经营中应用工业物联网技术的典型应用还有智能物流仓库，借助工业物联网识别技术能够实时监控仓储车间，对物品的出库、入库、盘点、分发、挑选等信息进行记录，从而提高仓库管理的智能化水平，确保仓库管理效率稳步提升。

（3）数字化能源管理

在现代企业的能源管理方面，工业物联网技术也实现了广泛应用，可以连接工业物联网与工业生产中的环保设备，实时监控工业生产过程中的污染源和污染治理的关键性指标，利用信息技术将这些信息传递至数据库，在数据库中进行分析和存储。以长期收集的大量报警数据为依据，能够实现在发生环保事故之前发出预警性警告，协助企业进行整改。这套智能化管理体系也可以应用于企业的能源消耗环节，根据企业的能耗情况实行高效管理，从而达到节能的目的。

（4）数字化管理决策

企业可以在工业物联网技术的基础上收集从采购到生产、从销售到售后的各个环节的人员、设备的管理数据，对这些数据进行挖掘处理，为企业决策提供数据支持。在大数据技术的支持下，这个数据库可以持续扩张和更新，随着采集的数据越来越多，数据库会逐渐变得更加精准和智能，可以为企业管理决策提供更丰富、更科学的数据支持。

第 14 章
架构体系：数字化工厂的系统构成

数字化工厂主要有三个组成部分：精益运行管理系统、智能生产管理系统（信息化软件系统）和数字化工厂硬件（物理系统）。

精益运行管理系统

下面我们首先对数字化工厂中的精益运行管理进行简单分析。

1. 面向智能制造的精益管理思想

自从我国推行制造强国战略以来，各行各业都在积极开展智能制造实践，但由于大多数企业仍旧处在工业 2.0 到工业 3.0 的转型阶段，想要实现智能制造还需要融合管理和智能制造两项技术。近年来，相关单位凭借精益生产、流程管理、六西格玛管理等方式规划和完善制造过程，为企业打牢了工业化、智能化、数字化和信息化的基础。

目前，精益管理理念已经与企业的生产制造业务流程相融合，让企业受益良多。因此，企业为了加快推进信息化、数字化、智能化的融合，要积极采用精益管理与智能制造融合推进的策略，避免产生“两张皮”的情形。

精益生产方式是日本丰田公司率先应用的一种先进管理技术，我国于

20 世纪 80 年代将其引进，并广泛应用于汽车、电子等行业。对于企业来说，精益生产能使生产效率和质量都得到大幅提高，缩短生产周期，在降本增效方面效果显著。精益生产方式不仅可以应用于生产制造领域，还可以将在生产系统中获得的成功经验进一步应用到研发、销售、服务与供应链管理等领域，构建以业务流程为主，运用各类精益工具对流程进行规范和优化的精益管理体系。

在工业和信息化部与财政部联合发布的《智能制造发展规划（2016—2020 年）》中，智能制造是以深入融合先进制造技术和新一代信息通信技术为基础，在产品服务、管理、设计、生产等流程实现渗透应用，具备自学习、自感知、自适应、自决策、自执行等功能的新型生产方式。智能制造的关键特性是可以根据制造业务的流程，融合新一代通信技术和先进制造技术生成系统整体解决方案。

2. 数字化工厂的精益运行管理系统

企业经营的核心就是借助一系列业务流程来满足客户需求。站在管理的角度，借助精益管理工具去掉业务流程中不能增值的环节，通过完善业务流程创造更多价值，就是精益管理。站在技术的角度，在业务流程的各个环节融入数字化、云计算、物联网等新一代信息通信技术和先进的制造技术，促使各增值环节产生更高的效率和质量，就是智能制造。

因此，智能制造和精益管理既能在业务流程中融合，又能反过来促使业务流程的管理方式和技术实现优化升级，完善业务流程的成本、效率和质量等绩效指标，切实满足客户需求。精益管理是数字化工厂为确保绩效达到预期指标而按规定流程运行并不断改进的过程。数字化工厂想要让绩效达到预期指标，必须实现物料、设备、人员、信息系统等关键要素的高度协同。但因为新工厂中的所有要素难以快速实现高度协同，数字化工厂必须建立以精益思想和精益工具应用为主体的精益运行和改进流程，利用标准作业、价值流分析、根本原因分析等各种精益工具发现数字化工厂在运行过程中存在的问题，利用先进的管理工具、制造技术和信息技术等进行优化，使工厂的生产能力、生产效率和产品质量等指标均能达到最终的绩效目标。

同时，基于信息集成建立起来的、以数字孪生为基础的生产过程仿真系统，能够对车间整体运行模型进行归纳和提炼，并通过智能生产管理系统不断完善资源配置、车间布局、生产管理策略和生产作业调度等。

智能制造是以数据和业务流程为基础的，而精益管理恰恰可以利用构建合理化生产组织方式和规范化流程的方式来确保数据的准确与稳定。除此之外，如果工厂在引入信息化系统之前使用精益管理工具对业务流程进行优化，就能够为制造执行系统、企业资源技术和产品生命周期系统等信息化系统的落地奠定良好的基础。

智能生产管理系统

数字化工厂中的信息化软件系统就是智能生产管理系统，主要包括以下六大功能，分别是数字化工艺、智能计划与调度、自动化/透明化物流、智能设备维护、数字化检测、智能生产管控。

①数字化工艺主要包括数字化装配仿真、数字化工艺加工仿真、生产系统规划仿真等功能，利用数字化建模仿真技术在虚拟的数字世界实现从零件加工、零件装配到系统部件装配与制造全过程的模拟和仿真，将实物制造转向虚拟制造。

②智能计划与调度系统包括生产准备、改善提案、人机互动、资源管理、异常管理、质量管理、可视化绩效管理、智能排产和动态调度等多个模块，集成了制造执行系统和智能排产系统两个系统，能够对计划执行的

整个过程进行可视化管理，并自动编制生产计划，根据实际情况对生产计划进行调整，建立物料流和信息流高度统一的高效生产计划管控平台。

③自动 / 透明化物流在仓储与配送环节应用物联网、人工智能、数据挖掘和自动识别等技术，能够让物流作业中的存储、装卸、运输等环节实现自动化 / 透明化，目前主要应用于零件配送、刀具配送和原材料配送等领域。

④智能设备维护以设备中故障频发的关键部件和系统为中心，借助智能传感技术和嵌入式采集技术，对处于工作状态中的设备进行动态监测、预测预警、健康状态评估、故障诊断、远程监控和维护，极大地提高了设备的综合应用效率。

⑤数字化检测以三维模型的在线检测、数字化检测、质量信息实时查询和维护为基础，以智能化质量检测为手段，对数字化质量信息进行采集、传输、分析、判断和预警。

⑥智能生产管控基于信息系统集成，利用智能报表和管理驾驶舱等技术开发可视化分级绩效指标仪表舱系统，采集并分析绩效指标数据，对照绩效指标数字化模型，对流程中出现的异常情况进行预测和预警，自动生成纠正程序或帮助管理层进行决策。

数字化工厂硬件

数据采集装备、智能物流与仓储设施、智能化装备和生产线等与数字化工厂相关的基础设施和制造资源都属于数字化工厂的硬件。企业要秉持精益管理思想，利用布局规划仿真、三维数字化工艺等技术手段，按照精益原则对库存、物流、生产线、工厂功能区之间的关系进行确认，将信息软件、物料、人员、设备等因素以最佳的方式组合在一起，最大化地优化和利用系统资源。

1. 智能化装备 / 生产线

智能化装备 / 生产线是深入融合并集成了先进制造技术和信息通信技术，能够进行感知、推理、分析、控制和决策的制造装备 / 生产线，具有四个智能化特征：动态感知、实时分析、精准执行、自主决策。

智能化装备包括增材制造设备、物流与仓储装备、检测与装配装备、传感与控制装备、智能生产设备与工业机器人等，借助采集器、传感器、智能仪表、智能通信接口和嵌入式控制器等集成层的生产装备和通信技术实现设备间的互联，以及对设备的集中控制。

智能生产线是利用成组化技术进行组织生产的一种生产组织方式，具备数字化和智能化的特征，以精益生产线为基础进行信息传递，可以精确表达制造数据，实现智能化决策，借助计算机智能管理与监控系统自动采集全线生产参数、自动控制工艺动作、自动采集并存储工艺参数、模拟显示设备运行动态，做到自主控制生产过程并实现自动化、连续化生产。

2. 智能物流与仓储设施

智能物流与仓储设施是基于传感器、条形码等物联网技术，借助先进的信息采集、智能处理技术以及传递和管理技术实现仓储与物流系统的集成，优化资源配置以及仓储配送的全过程。智能物流与仓储设施包含电子料架、智能料仓、自动化仓库等自动或半自动的智能化仓储设备和自动叉车、AGV 机器人、自动传送带等自动物流配送设施，能够使存储、运输、装卸等物流作业过程实现自动化 / 透明化。

3. 数据采集装备

采集器、采集软件、视觉设备、扫描设备、电子标签、智能传感器等都属于数据采集装备。数据采集装备向下能够连接各类数据采集设备，实时监控、采集、存储并统计分析位于资源层的数字化信息，向整个管控系统提供准确可信的底层数据；向上（信息系统）可以共享现场数据，传递系统指令，不断地为信息系统客户端提供需要的数据。

第15章
数字化车间：实现企业智能化生产

数字化车间 vs 数字化工厂

车间是制造企业的“灵魂”，对产品生产效率以及生产质量有着直接影响，不仅汇聚了大量设备、物料，也聚集了大量员工。因此，车间管理水平直接决定了整个制造企业的发展水平，车间的生产能力越强，制造企业的竞争力就越强；车间的智能化程度越高，制造企业的智能化程度也就越高。在制造企业数字化、智能化转型的过程中，对车间进行数字化改造是关键。

数字化车间是借助生产设备、生产设施等硬件，通过对工艺设计、生产组织、过程控制等环节进行优化管理，利用数字化、智能化、网络化手段对人、机器、物料、生产工艺、生产流程等进行设计、管理、仿真与优化，提高整个生产过程的可视化水平，促使各类信息实现数字化，提高各环节信息的流动性，从而实现对生产资源、生产设备、生产设施以及生产过程的精细化管控。只有完成了车间的数字化改造，才能进一步打造智能车间，进而打造智能工厂，实现智能制造。

对所有制造型企业来说，生产车间都非常关键。那么，同为高科技产物的数字化车间和数字化工厂之间存在什么样的关系呢？这两者之间又有什么样的区别呢？下面对这两个问题进行详细说明。

数字化工厂是借助监控技术和物联网技术对信息管理服务进行强化，实现生产过程的高可控性、生产线的低人工干预，保证生产计划的合理性。除此之外，数字化工厂还将智能系统和智能手段等新兴技术融为一体，建立起具备高效、绿色、节能、环保、舒适等优势的人性化工厂。

数字化车间是智能制造领域的关键一环，既是制造企业开展智能制造的主要阵地，也是制造企业推行智能制造的开端。对于企业来说，数字化工厂和数字化车间是协同作用、相辅相成的关系。

数字化工厂与数字化车间的区别主要表现在以下四个方面，如表 15-1 所示。

表 15-1　数字化工厂与数字化车间的区别

	数字化工厂	数字化车间
组成	数字化工厂包括综合布线系统、公共广播系统、防盗报警系统、计算机网络系统、生产过程监控系统、综合系统以及测控技术与专业仪器等	数字化车间中的数字化过程包括生产车间、生产单元、生产线等设备的数字化、智能化和自动化
特点	数字化工厂能够对资源数据进行采集、分析、判断和规划，借助可视化技术展开推理预测，将设计与制造过程进行实境扩增展示，还能自主搭建最佳系统结构，具有协调、重组、扩充的特性和自行维护、自我学习的能力，可以促进人与机器之间的相互协作	数字化车间能够在很大程度上使制造能力实现自治。设备制造商既在提高设备的精度、速度、可靠性等性能方面取得重大进展，也越来越重视设备的感知、分析、决策、控制功能
本质	数字化工厂是在工厂的管理、办公及生产过程中融入各类现代化科学技术实现自动化，以加强企业管理，提高企业管理的规范化水平，减少工作失误，填补工作漏洞，提高工作效率，提高生产的安全水平，为生产决策提供更多参考，同时加强与外界的联系，不断拓展国际市场	数字化车间是利用计算机仿真技术生成虚拟环境，在虚拟环境中对生产的全过程进行仿真、评估并优化，再将这种新型生产组织方式逐渐渗透到产品的全生命周期，是融合现代数字化制造技术和计算机仿真技术产生的连接产品设计和产品制造的主要纽带
管理方向	数字化工厂主要聚焦于智能设计、智能管理、智能生产和服务以及系统集成等顶层设计领域	数字化车间主要聚焦在生产质量、工艺执行、车间计划调度等执行层面，接收、传达数字化工厂的指令信息，并做出实时反馈

数字化车间的布局与规划方案

AGV、网络、设备、机器人、信息数据等共同构建了数字化工厂，集成了产品制造全过程及工厂模型数据库，以计算机为支撑，可以采集整个生产过程中的数据与信息，进一步消除产品设计和产品制造之间的断点，实现产品制造过程全生命周期的信息集成，对整个生产过程进行动态管控，以切实提高产品质量。

生产车间作为工厂的核心组成部分，如果生产车间实现了数字化，那么数字化工厂最核心的部分也就基本完成了。生产车间的数字化系统建设不能只注重自动化程度，应该将数据的可视化管理和应用作为核心，充分利用PLM系统，将主数据流和工业网络、智能装备、智能仓库、智能系统等进行集成，打通各个系统的数据，让各类数据实现共享。

数字化的生产车间引入数控机床、机器人等自动化生产设备，使生产过程逐渐实现了自动化，让一些管理软件（ERP、MES等）充分发挥中枢管理系统的作用，以传感器、条码、RFID标签、扫码器、视觉相机等为组件，以NC数控系统（NC全称为Numerical Control，数字控制）或PLC为控制单元，以现场总线PROFIBUS（Process Field Bus，程序总线网络）、工业以太网Profinet（自动化通信）、Modubus（一种串行通信协议）等为传输网络，以相对完善的系统为基础，获取状态信息、传递控制指令，以实现科学决策、智能设计、合理排产，以监控设备的运行状态，不断提升设备使用率，指导自动化生产设备高效运转。

1. 智能硬件

智能生产制造单元是对加工设备和辅助设备的相关能力进行评估，将能力相近的设备进行模块化、集成化、一体化聚合，使其具备生产多品种、少批量产品的能力。

智能化的实现离不开智能制造单元的打造。“智造单元”是一种模块化的小型数字化工厂实践，由自动化模块、信息化模块和智能化模块三部分组成，作为“最小的数字化工厂”可以完成多品种小批量产品的智能化生产。

在加工领域，“智造单元”将重点放在从单一功能型设备向多功能型设备过渡方面；在装配领域，“智造单元”致力于打破人工操作的枷锁，由人工操作不断向人机协作、自动化作业的方向转变。“智造单元”持续推进高精尖设备的研发，着力于质量检测、SPC（Statistical Process Control，统计过程控制）工作站的建设，采用机器人配合视觉定位技术全面实现自动化搬运，逐渐取代人工搬运，提高搬运效率，降低人工成本。

2. 智能设备互联

智能化的生产车间要将信息化作为基础，借助智能技术将生产车间的不同设备与通信网络连接起来，全面采集设备数据，实时掌握设备的运行状态数据和产品质量数据，为数据分析打下坚实的基础。

在数据采集方面，针对不同的生产设备要采取不同的数据采集方式。对于存在数据接口的设备，如 PLC 控制器、仪器仪表、磨床、机器人、加工中心等，可以通过 PROFIBUS 或 Profinet 网络将采集到的设备数据传输到网关；对于没有数据接口的设备，则需要借助外接传感器来采集相关设备的状态信息，提升通信能力。

生产车间可以采取有线或无线两种方式进行数据传输，通过边缘计算对采集到的数据进行就地分析和存储，最后将数据分析结果汇总，利用有线或无线的方式存储到云服务器，以开展后续的数据分析工作。设备需要完成三项重要的工作才能实现联网：硬件接口的连接、软件数据接口互通、接口规范定义。

3. 智能设备数据采集

一个完整的制造设备应该具备全面完善的档案信息，涉及制造环节的方方面面，包括产品的编号、描述、状态以及时间戳等重要信息，还要通过已定义的通信接口，与其他设备、装置及执行层的设备和数据实现互联互通，对收集到的数据进行筛选，留下合格数据，采用自动处理和人工处理两种模式完成对不合格数据的处理，最终实现产量、质量的稳定，为产品质量溯源奠定良好的基础。

4. 智能制造执行系统

智能制造执行系统可以用来对工厂的生产过程进行监控与管理，利用设备管理、过程控制管理、工艺执行与管理、生产计划与排程管理、生产调度管理以及质量管理等模块，实现对生产制造全流程的管理与展示。智能制造执行系统以数字化生产制造执行平台的开发为基础，打通计划、生产、物流、设备间的数据流，构建一个集计划、控制、反馈、调整等功能于一体的完整系统。

这个系统可以借助规范的定义接口传递生产计划与各项指令，与实际生产过程实现无缝衔接，使生产计划、控制命令、信息数据在整个智能制造执行系统、过程控制系统、自动化体系间实现及时、透明、顺畅的互联互通，最终打造生产全过程的数字化，构建数字化生产车间。

5. 智能化物流仓储系统

物流仓储在制造业中扮演着极其重要的角色，智能物流仓储系统能够快速实现产品原材料、配件以及成品的流转和输送工作。此外，堆垛机输送方式和立体仓库存储方式的应用大大提高了仓库货位周转效率，降低了人工成本，实现了仓储物流的数字化管控和智能化运输。

因此，在未来几年内，制造业要持续推进智能物流仓储系统建设，不断促进设备层、操作层、企业层等系统组成架构的发展，具体措施如表 15-2 所示。

表 15-2　智能物流仓储系统建设措施

层级	具体措施
设备层	完善物流设备（智能搬运机器人、智能托盘、物流机器人等）、仓储设备（立体仓库、智能叉车、码垛机器人、提升机等）以及识别设备（射频识别技术、机器视觉、智能摄像头等）等各项设备
操作层	增加仓库管理系统（Warehouse Management System，WMS）、仓库设备控制系统（Warehouse Control System，WCS）、运输管理系统（Transportation Management System，TMS）等运维软件
企业层	对接企业资源计划、客户关系管理（Customer Relationship Management，CRM）、供应链管理（Supply Chain Management，SCM）等管理软件的库存、发货、采购、计划等模块，最终实现与总系统的协同

基于数字孪生的数字化车间升级

数字孪生就是利用各类数据将物理世界中物理实体的结构、组成、特征和功能等映射到虚拟世界，利用虚拟仿真模型实现对物理实体全生命周期的反馈。数字孪生思想出现初期，美国密歇根大学的迈克尔·格雷夫斯（Michael Grieves）教授将其命名为“信息镜像模型”（Information Mirroring Model）。随着数字孪生思想和理论越来越成熟，数字孪生（Digital Twin）逐渐成为一种专用术语。此后，西门子将数字孪生技术应用于制造业，围绕产品推进全方位的数字孪生应用，实现了产品全生命周期的数字化管理。不仅如此，数字孪生技术还可以与热模拟、温度传感、过程故障监测与分析等技术相融合，进一步优化 3D 打印技术，提升 3D 打印技术的应用价值。

随着我国装备制造业的规模越来越大，门类越来越齐全，体系越来越完善，市场对产品性能、运行效率、市场响应速度、能源利用率和污染物排放量等方面的要求越来越高。2015 年 5 月，国务院印发《中国制造 2025》，为我国制造业制定了明确的发展目标和战略任务。除此之外，各相关部门也陆续出台相关文件为制造业的发展提供指导。在此形势下，我国制造企业应围绕国家战略要求，根据自身实际情况合理利用与数字孪生车间运行、数字化车间构建等相关的技术和知识，充分发挥数字孪生技术的作用，提高生产车间的数字化水平。

数字化车间拥有智能化、柔性化的生产线，能够在精细管理生产设备、生产资源和生产过程的同时大规模或个性化地生产和加工精密零件、复合零件、中小零件、大型零件等多种零件，并完成各类零部件的装配工作，充分满足企业在工厂管理和工业生产方面的要求。

基于数字孪生的生产线主要包括桁架机器人、五轴加工中心、六关节机器人、车铣复合加工中心等，这些组成部分均具有智能化的特点，能够互联互通，高效共享、分析和处理数据信息。

1. 设备集成与互联互通

数字化车间融合了工业总线、Wi-Fi、工业以太网等多种数字网络技术，能够利用工业互联网连通车间内的所有业务以及工业机器人、复合加工中心、高端数控机床等设备，进一步促进数据信息在不同硬件设备之间的流通，从而实现数据的实时共享、高效分析和及时处理。

2. 大数据信息交互平台

生产车间的数字化升级需要构建涵盖所有业务的大数据信息交互平台，以便企业在管理工业生产的所有环节时可以利用蓝牙、有线网络、Wi-Fi、移动终端 App 等传输、共享、交换、分析和处理信息，为企业处理和使用信息数据提供方便。

根据功能需要，大数据信息交互系统可以分为订单管理系统、仓库管理系统、制造执行系统、人力资源系统、企业资源计划、供应链管理体系、产品生命周期管理等多个模块，这些具有不同功能的模块能够相互协同，共同帮助企业实现智能化的生产与经营。

3. 数字孪生管理系统

数字孪生管理系统具有订单排产仿真、精准化生产调度、动态绩效管理、数字孪生设备管理和产品全生命周期管理等多种功能。

（1）订单排产仿真

订单排产仿真就是在充分掌握各个客户对产品性能、产品质量、产品外观等方面的要求的基础上有针对性地建立需求数据，再进行数据分析和生产建模，并利用智能化的 OMS（Order Management System，订单管理系统）制定与客户需求相符的生产计划，最后与仓库管理系统进行信息交互，确定订单所需的原材料和半成品等生产资料，并根据生产资料需求下发材料出库、原材料采购、部件装配、产品测试等一系列具体指令，从而提高订单排产的科学性、合理性、高效性和智能化，实现工业生产的统一调度。

（2）精准化生产调度

精准化生产调度就是根据工厂的设备、原料、材料、库存等情况制定详细的生产方案，并严格按照生产方案进行工业生产。在工业生产过程中，工厂需要以生产计划为依据，充分利用 MES 进行生产调度，并严格按照工艺标准进行生产活动，对产品质量严格把关，及时解决各类突发问题，不断优化资源配置，进而提高资源利用率，缩短产品制造周期，控制库存，减少生产环节的成本支出。

（3）动态绩效管理

动态绩效管理就是利用数字化手段收集和分析当前的市场、需求、产品等信息，根据分析结果及时调整绩效目标和生产计划，并全面掌控和管理整个车间中各项业务和人员的绩效数据。

（4）数字孪生设备管理

数字孪生设备管理就是通过在虚拟世界构建基于生产设备和物料运输设备的数字模型对设备的运行情况进行跟踪，从而精准地掌握设备运行的动态数据，并利用这些数据搭建数据库，进而实现信息化、数字化的设备管理，让企业能够根据设备的损益情况开展资产清理、资产配置和设备配置等工作。

（5）产品全生命周期管理

产品全生命周期管理就是对产品的整个生命周期进行数字化管理，具体来说，企业需要为所有产品配备专用且唯一的二维码，将产品在设计、开发、生产、上市等环节的相关信息存储在专属的二维码中，以便实现产品的全生命周期管理。

企业数字化车间的落地路径

数字化车间建设需要先经过详细的规划，再分步实施建设规划。具体来说，数字化车间建设可以按照以下步骤逐步推进。

1. 统筹规划，高效协同

企业建设数字化车间的主要目的是通过提高工业生产的智能化水平来降低生产成本，提高生产质量和生产效率，增强企业竞争力，实现更稳更快的发展。

在建设数字化车间的过程中，企业应充分考虑市场需求、行业地位、行业特点、产品特点、成本费用、实际利润、发展前景、企业规模、建设目标、建设基础、潜在风险、生产线运行状态等因素，制定数字化车间建设的具体方案和战略，并在此基础上逐步推进数字化车间建设，提高产品生产的智能化程度。

数字化车间建设并非直接在生产车间中融入新的技术或系统，而是在全方位考虑生产工艺、计划调度、精益生产、物料配送、安全环保等各个方面影响因素的基础上综合运用生产自动化系统和其他信息化系统。由此可见，数字化车间建设不仅能改变生产车间，还能对整个企业产生巨大影响。因此，企业在推进数字化车间建设时必须从全局出发进行系统规划，全面考虑数字化车间建设对企业未来发展的影响。

企业领导层应提前了解数字化车间建设的相关内容，与相关部门的工作人员协商，及时发现企业在数字化车间建设方面存在的问题，并找出解决各项问题的方法，帮助企业确立系统性的战略目标和具体的建设方案，以便企业各相关部门互相协作，高效调配资源，进一步推动工艺、组织、流程和管理快速升级，从而为数字化车间建设提供强有力的支撑。

2. 聚焦痛点，扎实推进

为了实现降低生产成本，提高生产效率、产品质量、市场响应速度等目的，企业在推进数字化车间建设时需要找准车间当前的痛点，有针对性地构建数字化车间管控系统，着重提高生产车间在工艺、设备、管理等方面的水平和信息化、网络化、智能化程度，进而实现高效生产和精细化管理。

一方面，企业应聚焦痛点，及时发现车间中存在的生产效率低、产品品质稳定性差、生产流程透明度不足等问题，并找出其中对车间生产和企业发展影响最大的因素，进而制定出能够精准打击痛点的解决方案。

另一方面，企业应合理安排数字化车间的建设顺序，把握关键步骤，扎实稳妥地推进数字化车间建设，综合考虑生产特点、资金投入、建设难点、数字化基础等多种因素，从实际出发，从基础开始布局，保持稳中求胜，不能贪大求全。

一般来说，企业可以优先选择从设备互联等比较容易取得成功的方面入手，因为设备互联涉及到的设备通信、数据采集等都属于易于把控的因素，企业可以充分把握具体实施情况，从而以更快的速度实现项目建设目标。这也能增强各部门对数字化建设的信心，形成正向反馈，进而积极拓展更加丰富的数字化功能，推动各项功能快速升级，加快数字化转型速度。

与此同时，企业还应充分利用在设备互联环节积累的经验，逐步改造涉及人员、管理等主观因素的信息化系统。企业在对这类系统进行数字化改造时往往需要改变部分人员的工作方式和车间的生产管理模式，可能会打破当前的利益格局。因此，对大多数企业来说，这一环节的数字化改造具有一定的难度。企业应该在积累一定的经验之后再稳步推进，为数字化改造的成功提供保障。但如果企业的基础设施比较完善，数字化改造力度比较大，也可以同时推进多个领域的数字化建设。

3. 以人为本，管理取胜

企业推进数字化车间建设的目的是实现数字化、智能化生产，而数字化、智能化生产并不仅仅是用机器代替人来完成各项生产工作，而是通过将先进的技术和理念融入各个生产环节来提高工业生产在自动化、网络化、数字化、智能化等方面的水平，从而达到降低生产成本和污染物排放量，提高生产效率、产品质量和资源利用率的目的。

在数字化车间，人是控制和使用机器设备以及各类信息化系统的主体，能够确保车间中的机器和系统更好地为人服务。因此，企业在数字化车间建设过程中，不仅不能简单粗暴地用机器取代人力，反而要充分调动人的积极性，利用人来促进机器和系统发挥出更大的作用，进而实现生产的数字化、智能化。

由此可见，企业的数字化车间建设应该以人为本，明确数字化车间的建设主体和应用对象之间的差别，并根据信息化系统和数字化车间的使用人员的特点和需求推进数字化车间建设。具体来说，信息化系统的使用人员大多是技术人员，对新技术和新理念的接受速度和学习速度都比较快，而数字化车间的使用人员则具有人数多、年龄较大、文化水平相对较低等特点。因此，企业在建设数字化车间时应降低系统的使用难度，保障系统的安全性和环保性，不断优化生产流程和生产工艺，提高车间的自动化、网络化、数字化、智能化水平，进而实现精益生产，达到优化生产模式和管理模式、降低生产成本以及提高生产效率和产品质量的目的，为推进智能化转型提供助力。

4. 效益驱动，落地为王

企业在推进数字化车间建设的过程中，不但要严格遵循智能制造理念的相关要求，还要坚持脚踏实地，提高技术和思想等方面的先进性，充分考虑各项措施对企业未来发展的影响，从自身实际情况出发，在进行技术创新的同时将效益放在首要位置。

近年来，市场需求的变化速度越来越快，同质化的产品已经无法满足市场个性化的需求，数字化工厂所应用的系统需要随着市场的变化不断升级。为了减少在系统更新换代方面的成本支出，企业应充分考虑未来的市场变化，使用具有一定前瞻性的系统，以便满足未来的市场需求。

第16章 制造企业的数字化供应链平台建设

数字赋能：驱动供应链数字化转型

制造业是我国国民经济的支柱产业，也是推动国民经济发展的强大引擎，其高质量发展对提升我国的竞争实力和国际地位具有重要意义。目前，我国的制造业正处于稳步发展阶段。随着新一代信息技术的发展和应用，国际经济形势不断变化，制造业要抓住机遇，加强新技术的应用，实现数字化转型，向全球价值链的中高端位置迈进。

现阶段，全球经济已进入供应链时代，企业间的竞争已转变为企业供应链之间的竞争。在智能制造环境下，制造企业想要在激烈的市场竞争中脱颖而出，就要创建更加智慧、更加高效的供应链。

1. 数字化供应链的主要特点

近几年，人工智能、云计算、工业机器人等新一代物联网技术实现了广泛应用，商流、物流、资金流、信息流实现了高效连接，传统供应链迈向了数字化供应链。生产制造企业的生产系统与智能供应链对接，借助智能虚拟仓库与精准物流配送，生产企业可以将大部分人力、物力投入制造环节，无须建立实体仓库，从根本上改变了制造业的整个运作流程，能使管理效率、生产效率得到切实提升。

数字化供应链与传统供应链不同，其涵盖的市场要素、技术要素、服务要素更多，表现出五个显著特点，如表 16-1 所示。

表 16-1 数字化供应链的五大特点

序号	特点
1	侧重全局，强调“牵一发而动全身”，注重系统优化，以提升整个供应链的绩效
2	强调与供应链上下游企业分享信息，通过需求感知形成需求计划，聚焦端到端的整合
3	注重精准、有效地提升客户服务满意度，推动产品与服务持续迭代升级
4	强调立足于制造企业构建平台功能，涉及产品生命周期、流程、供应商、市场等多个要素
5	强调以全价值链为基础开展精益制造，涵盖了精益生产、精益物流、精益采购、精益配送等多方面的内容

对于制造企业来说，数字化供应链对其产生了深刻且深远的影响。随着信息技术不断发展，智能制造持续推进，传统供应链与新兴技术深度融合，催生了数字化供应链。在数字化供应链模式下，制造企业传统的运作方式发生了根本性变革，促使整个制造业进行数字化重构。在传统供应链中，商流、资金流、信息流被割裂。但进入数字化供应链时代，在互联网技术的作用下，这些因素被连接到一起，为现代供应链管理奠定了扎实的基础。

2. 数字化供应链平台

数字化供应链平台是基于传统的供应链，融入现代化信息技术，变革传统的业务流程运行模式，或者研发新的业务流程，促进供应链各环节的数据实现互联共享，推动业务流程实现透明化运行，提升供应链上下游之间的业务协同效率，最终形成符合新时代经济发展特点和需求的，可以实现高效衔接与有序运转的供应链平台。

在数字化时代，数据逐渐成为企业的重要资产。在大数据、物联网、人工智能等新一代信息技术的推动下，企业能够全面收集各类活动产生的海量数据，并对数据进行动态分析，充分发挥数据的价值，实现数据驱动业务流程自动化、智能化运行。

此外，企业还可以通过数据分析优化运营决策，从而实现更好的发展。随着企业对新一代信息技术应用的深化，各类设备设施可以在算法的辅助下实现自主决策，从而进一步提升企业的智能化水平。

随着新一代信息技术的普及，各行业开始推行数字化转型。在制造业，数字化工厂既是制造业数字化转型的载体，又是制造业数字化转型的成果。数字化工厂是将计算机仿真技术、现代通信技术、现代数字技术等与制造技术相结合，基于产品全生命周期的海量数据，在数字环境中对产品全生命周期的各个环节进行仿真、评估和优化，最终实现高质量、高效率运营的新型生产组织方式。

建设数字化工厂首先需要打造数字化、一体化的供应链管理平台，并将其作为数字化工厂运营的枢纽。将现代化通信技术应用于供应链管理的各个环节，打造智能调度系统，推动供应链各环节的信息实时、高效地传递，并通过数据分析对智能装备进行科学指挥与调度，使其能够自动、准确、有序地完成各项工作。

很多先进的制造企业为了实现更好的发展，积极运用数字孪生、AR/VR、人工智能等新技术，不断优化生产方案，同时加强生产状态监管，并通过数据分析来验证生产结果，从而实现高效、精准的制造和交付活动。

随着新一代信息技术持续发展，制造业的生产模式逐渐发生了一系列变革，供应链各要素之间实现了更高效的协同，生产能力得到了大幅提升，制造业也必将取得突破式进展。但目前供应链数字化转型仍存在一些问题，新技术在应用过程中可能需要面临类似于物理惯性的“路径依赖”。

“路径依赖”产生的原因有两种：一是传统供应链中的软硬件设备来自不同的供应商，这些设备的运行逻辑、运行机制、产生的数据格式和数据标准等存在较大差异，设备之间的互动性比较差，信息断层和信息孤岛现象比较严重，难以通过数据解决各类问题；二是制造业长期以来的发展经验和管理惯性，导致传统供应链逻辑和结构根深蒂固，难以彻底改变供应链管理模式，无法从根源上推动供应链数字化转型或重塑。

因此，构建数字化供应链平台需要将新技术深刻地融入供应链各个环节，采取“由点及面”的方式推动制造业供应链的数字化转型。

数智协同：重塑传统供应链管理

随着数字技术与制造业深入融合，供应链也在经历数字化转型，可以助力制造业快速发展，从而适应当前瞬息万变的社会经济环境。供应链数字化转型使得供应链逐渐向现代化、智能化的方向发展，使更深层次的功能和性质逐渐显露出来。基于物联网、大数据、“云”等技术的智能化供应链可以促进上下游企业之间的交互，打破信息孤岛，促进信息共享，这对上下游企业的发展以及企业间的协作具有良好的推动作用。

供应链数字化转型也能够助力供应链管理者更好地管理。智能化的供应链管理可以收集海量数据，管理者通过对这些数据进行筛选、整合、处理、分析，可以及时发现新的发展契机以及企业经营中存在的问题，进而优化管理决策，推动供应链上下游企业健康发展。

数智化的供应链可以结合新技术发挥自身的优势，推动业务创新、产品升级、组织管理变革，并融合运用新技术和海量数据打造可视化的供应链，同时实现信息化管理，最终推动企业高效完成数字化转型。

1. 供应商管理

数字化供应链管理系统能够将供应商入驻、认证、考察、合作、绩效评估全流程业务纳入，并结合大数据技术记录各环节的行为数据，通过数据分析明确供应商的经营特点、经营能力、征信等多维度信息，实现数据驱动的供应商管理，从而显著提升管理的客观性与可靠性。此外，供应链系统还可以通过数据分析择优选取供应商，在供应商选择和管理方面实现降本增效。

2. 采购管理

智能化供应链管理平台涵盖了物料采购管理、订单管理、订单变更、退货管理等多个模块，能够记录采购过程中的所有行为和数据，包括物料采购数量、物料的市场价格、库存数量、订单详情等，并通过分析这些数据，协助企业管理者制定并优化生产策略，优化资源配置，实现高效生产，同时还能降低仓库管理成本，提升仓库管理效率。此外，智慧供应链管理平台还可以实现规范化的合同管理，保障企业的合法权益。

3. 协同管理

智慧供应链管理平台可以打破企业的固有边界，推动供应链上下游企业更好地联动，促进企业内外部信息和资源的互联共享，高效整合供应链中的商流、信息流、物流、资金流，有效避免因信息多次流转而带来的信息不准确问题，使上下游企业均可以准确及时地了解自身和其他相关企业的生产及库存情况，并制定更加合理的经营决策，从而提升各参与企业的供货效率，最终实现核心企业产业链的一体化、高效化运作。

4. 数据赋能

数智化的供应链管理平台能够全面收集全渠道客户的海量数据，并创建开放共享的大数据平台系统，结合大数据、云计算、边缘计算等技术深入挖掘数据的价值，实现数据驱动企业发展。同时，数智化的供应链管理平台还可以通过数据分析明确制造业发展的关键领域和薄弱环节，并对这些领域的相关数据进行进一步分析和监测，基于数据分析结果推动产品和服务创新变革，从而推动制造业企业实现更好的发展。

5. 金融服务

智慧供应链平台可以根据企业需求打造用户信用评价体系，通过采集和分析用户的信用贷款等数据，为征信良好的企业提供信用贷款服务，既可以解决企业的资金周转问题，又可以拓宽供应链的服务范围，提升服务质量，推动制造业企业实现长远发展。

数字技术应用于制造业供应链，打造智能化、数字化的供应链管理平台，可以打破各参与企业的边界，实现企业间资源的互联互通以及信息的准确共享，一方面帮助企业合理制定经营决策，提升产业发展效率；另一方面可以降低企业的运营风险，降低经营成本，最终推动制造业企业实现高质量发展。

建设路径：构建数字化供应链平台

制造业供应链管理的关键业务包括客户关系管理、客户服务管理、需求管理、订单完成、制造流程管理、供应商关系管理、产品开发和产品商业化、回收管理等，因此，制造业数字化供应链平台的构建可以从以下几方面入手。

1. 包装与物流基础标准化

包装与物流是供应链流程的基础环节，推动包装与物流基础标准化对实现物流信息数字化、物流设施智能化以及运营平台建设高效化具有重要意义，能够为后续的供应链数字化建设奠定良好的基础。

包装与物流标准化涉及的内容比较多，包括产品结构、物料清单、物料尺寸、设备容器等，而且过程比较复杂，需要对产品结构和物料尺寸进行深入研究与分析，同时要合理分解物料清单，根据质量要求改变包装模式，还要注重容器具管理。在具体的标准化过程中，企业需要合理设计物料包装，打造单元化、标准化、通用化的包装，同时融合新技术和相关数据，推动搬运、存储、运输、配送、工位暂存等环节实现标准化。

2. 订单交付与计划梳理

订单与计划是引导和带领企业正常运行的关键环节。逻辑明确的订单与计划能够帮助企业对各项制造资源进行科学调度与优化配置，从而降低运营成本，提升运行效率和产品质量，并如期完成订单，提升客户满意度，最终实现可持续发展。

不过，订单交付与计划梳理也是一项较为复杂的工作，这一工作对专业度的要求比较高，并且整个过程需要基于严密、准确的逻辑，内容包括订单预估、订单来源、客户信息、交付周期、相关要求等。企业需要对这些内容进行全面综合的分析，结合自身的生产特点、生产效率、物料资源存量、产品库存等信息，制订合理高效的生产计划，并根据不同的供应链环节细分为更加具体的作业计划，例如总装作业计划、齐套计划、发运计划、库存计划等。

逻辑清晰、专业程度较高的订单交付与计划梳理对制造业企业的发展极为重要，甚至可以作为基本逻辑基础推动数字化供应链平台的建设。

3. 智能运输系统

运输环节也是制造业供应链的重要环节，构建制造业数字化供应链平台需要结合人工智能、物联网等技术打造智能化的运输系统。随着制造业快速发展和数字化转型，运输业务规模大幅增加，智能运输系统能够满足智能化时代制造业的运输需求。智能化运输系统可以借助新技术对运输资源、运输环境、产品规模、目的地、客户需求等信息进行综合分析，快速制定多种合理的运输路线规划和运输网络，支持企业根据实际情况选取最优运输路线，在运输过程中实时调整运输路线，实现运输环节的降本增效。

4. 智能工位链接

关键工位也是制造业供应链的重要组成部分。企业在经历了长期发展后可能形成"路径依赖"现象，这对全面数字化转型造成一定的阻碍。为了解决这一问题，企业可以将新技术应用于关键工位和环节，打造智能工位链接，强化各个关键工位和环节的协同互动，并以关键工位为原点向四周辐射，逐步完成全供应链的智能化转型。

5. 多层级库存优化系统

构建数字化供应链平台还需要打造基于智能预测的多层级库存优化系统，该系统需要包含多个功能模块，包括需求预测模块、补货计划模块、促销优化模块、服务水平优化模块、多级库存优化模块等，可以为供应链上下游环节提供良好的服务，各模块的功能如表16-2所示。

表16-2　多层级库存优化系统的五大模块及其具体功能

模块	具体功能
需求预测模块	将人工智能算法与传统时间序列预测算法相结合，对企业内外部的数据进行精准分析，从而预测各种商品的需求

续表

模块	具体功能
补货计划模块	基于产品特征对产品进行合理分类，将产品划分为常规产品、促销品、呆滞品、易腐品等，明确各类产品的库存情况，再结合市场供需情况和产品类型制订合理的补货计划，在满足市场需求的前提下降低库存量
促销优化模块	创建突发事件应对机制，在节假日、新品发售、固定促销等事件发生之前，借助大数据技术对客户需求、客户购买力、企业库存、生产效率等数据进行综合分析，明确需求量规模，优化促销计划和补货计划，保证促销期间的产品供给
服务水平优化模块	通过数据分析优化服务模式，在避免库存成本增加的前提下提升服务水平和服务效率
多级库存优化模块	这一模块通常适用于设立了前置仓等多级分销网络的企业，优化前置仓与区域仓的资源配置，同时变革货物在两者之间的运输模式，最大限度地降低运输成本

6. 研发设计平台

传统的产品研发设计环节通常需要人工调研市场需求以及消费者的偏好等信息，设计人员将这些信息与自身经验相结合，进行产品的设计和研发。这种方式不仅耗时费力、成本高昂，而且经常因为调研不到位或工作人员经验不足而导致对消费者需求判断不准确，进而造成生产出来的产品与消费者的真实需求存在差距，从而导致产品滞销。此外，如果新研发的产品比较受欢迎，那么同行业会迅速推出类似产品，这对原创企业来讲极为不利。

在数字化时代，企业可以结合大数据、云计算、边缘计算等技术打造智能化的产品研发设计平台。作为制造业数字化供应链平台的一个重要组成部分，智能化的研发设计平台可以利用新技术收集分析海量消费者行为数据，基于数据分析结果准确判断消费者的需求和偏好，开发出贴合消费者需求的个性化产品。

此外，该平台还可以邀请消费者参与产品设计与研发，进一步提高产品的个性化程度，为消费者带来独特的体验，在实现产品研发设计环节降本增效的同时，还可以增强消费者黏性，提升自身竞争力。

我国制造业数字化转型的实战对策

我国制造业数字化转型并非对先进技术的简单运用，而是基于数字化改造与升级，将先进的技术手段和数字化能力深度融入企业发展的各个层面，包括顶层设计、组织架构、运营模式、管理模式等，最终形成一种新的商业模式，是基于全局角度进行的系统性变革。因此，企业数字化转型应当始终围绕以下几项根本任务展开。

①秉承为客户提供良好服务的理念，打造产、供、销一体化供应链，创建需求驱动的智能化订单交付系统，为客户提供便捷智能的服务体验。

②加强大数据技术的应用，收集并分析客户的消费需求、消费偏好等信息，并借助移动互联网技术随时随地为客户推荐合适的产品。

③通过万物互联的网络打造完善的企业生态链，加强与企业上下游的联系、互动与协作，推动合作方式变革，共同实现更好的发展。

1. 培育数字化企业

培育数字化企业是将现代化数字技术与先进的智能化设备运用到业务中，智能化设备在运行过程中会产生海量数据，数字技术可以对这些数据进行分析处理，打造数据驱动的业务模式，以实现更好的发展。培育数字化企业可以从以下两个方面入手。

①将数字技术与企业业务流程深度融合，加快推动业务模式的数字化变革，包括产品的设计、研发、生产、销售、运维服务等。

②加大对数据资产的重视程度，利用大数据技术深入挖掘海量数据的价值，拓展基于数据的新型业务增长点，实现数据创造价值，利用数据推动企业经营模式的创新升级，在产品生产、管理和交易环节实现降本增效。

2. 构建数字化产业链

在制造业数字化转型的背景下，制造业产业链也应当开展数字化转型，构建完善、自主、竞争力强的产业链，这对制造业数字化供应链体系的建设和完善极为重要。

在数字经济时代，企业经营理念逐渐从以产品为中心转变为以消费者为中心，消费者需求成为产品供给的重要驱动力。因此，企业要不断加强对消费者行为数据的分析，基于消费者需求和偏好进行产品研发和运营，打造平台化、共享性的商业模式，推动消费者参与产品生产过程，让产品高度契合消费者多样化、个性化的需求，进而形成更具特色、效率更高的制造业产业链。

此外，数字化产业链将大幅提升产品的复杂程度，同时也会涉及更广泛和更深层面的业务，使得单个企业或部门开展业务的难度大幅提升。因此，产业链各参与企业之间以及跨产业链的企业之间要加强合作，协同推进业务开展，提升制造业发展效率，最终实现制造业与其他相关行业的协同发展。

3. 打造数字化生态系统

制造业企业要加强新一代信息技术的应用，为自身的全部业务流程赋能，从而推动业务流程的全方位变革，同时要注重数据资产的运用，利用多种新技术对海量数据资源进行加工、处理、分析，基于数据分析结果制定科学的生产运营决策，打造数据驱动的运营模式，创建数字化生态系统，最终实现数据驱动的价值创造。

从本质上看，数字化生态系统是一个虚拟平台，该平台集成了先进技术、知识、海量数据以及实物，并能够对这些资源进行整合加工，以助力制造业企业实现良好的发展。同时，该平台具备生产、流通、消费、交易等功能，能够支持产品的无实物生产、在线营销等业务，提升产业链的运行效率。此外，原供应链、产业链的各参与主体（包括上下游商家、政府机构、金融机构、企业、消费者等）能够基于该平台进行信息和资源交互，强化彼此之间的协作，推动产业链群的协同发展。

4. 加快制造业与服务业的深度融合

推动制造业与服务业的深度融合对制造业数字化供应链平台建设至关重要，因此，制造业企业要积极利用数字技术推动制造业服务化。制造业服务化一方面可以帮助制造业企业更精准地了解产品全生命周期的各个阶段，从而能够根据产品生命周期改善设计环节，提升产品运维效率，最终实现提升消费者服务体验的目的；另一方面可以提升企业与企业、企业与消费者之间的信息互动效率，帮助企业更加精准地掌握消费者的需求以及产品的使用情况，为企业后续生产经营决策的改进提供依据。

第五部分 工业机器人篇

第 17 章
工业机器人：开启工业 4.0 革命浪潮

工业机器人的定义及结构原理

随着市场经济不断发展，消费不断升级，消费者的需求愈发个性化、多元化，促使产品生产逐渐从单一品种、大批量生产转向多品种、小批量生产。为了适应这种转变，生产企业需要引入一些自动化生产机器代替人工，完成人类无法完成或者无法高质量完成的任务。在这种情况下，工业机器人应运而生。

1. 工业机器人的定义

工业机器人是为了适应生产自动化以及市场应变性要求而出现的一种可以半自主或者全自主工作的机器，可以辅助人类更高质量、高效率地完成生产任务，主要应用于生产过程。根据国际机器人联合会（International Federation of Robotics，IFR）的定义，除工业机器人之外，还有应用于特殊环境的特种机器人，以及专门为人服务的服务机器人等多种类型的机器人。从本质上看，机器人就是一种自动化的机器。

国际标准化组织（International Organization for Standardization，ISO）将机器人定义为一种多功能的机械手，即“机器人是一种自动的、位置可控的、具有编程能力的多功能机械手，这种机械手具有几个轴，能够借助可编程序操作处理各种材料、零件、工具和专用装置，以执行种种任务”。按照ISO的定义，工业机器人就是面向工业领域的多功能机械手，可以接受人类指令，通过自身动力与控制能力完成指定操作。

2. 工业机器人的结构原理

工业机器人是多关节的机械手臂或多自由度的机器装置，可以通过人类远程操控或根据事先设定的程序自动执行各类工业加工制造工作，相应地，其动力源可以来自自身，也可以来自外部的控制力量。目前，工业机器人在物流、化工、电子领域应用较为广泛。

工业机器人包含主体部分、驱动系统、控制系统三大基本构成部分，各部分的功能如表17-1所示。

表17-1　工业机器人的三大基本构成

三大构成	基本功能
主体部分	主体部分包括机座和执行机构，是用于执行各种动作的载体，具备手部、腕部、臂部等装置，部分机器人还具备行走机构
驱动系统	驱动系统包括动力装置和传动机构，为主体部分执行动作提供动力源，控制系统会根据事先编制的程序或通过人力控制发出指令，控制主体和驱动系统进行相应的操作
控制系统	在工业机器人的组成部分中，控制系统是最关键、最重要的部分，相当于机器人的大脑，控制系统的完善程度及控制技术的成熟度决定了工业机器人的功能和性能

3. 工业机器人控制系统的关键技术

工业机器人的控制系统通常编程较为简单，并且具备便捷的软件菜单和人机交互界面。人们在使用机器人时可以根据在线的操作提示进行操作，以控制机器人完成相应的工作。在具体工作过程中，控制技术可以对机器人的运动位置、运动姿态、运动轨迹、运动时间和操作顺序进行控制，关键技术包括以下几种。

（1）开放性模块化的控制系统体系结构

这一体系采用的是分布式CPU（Central Processing Unit，中央处理器）结构，包括机器人控制器（Robot Controller，RC）、运动控制器（Motion Controller，MC）、光电隔离I/O（Input/Output，输入/输出）控制板、传感器处理板和编程示教盒等部分。其中，机器人控制器和编程示教盒是两个核心部分，通过串口或控制器域网（Controller Area Network，CAN）进行连接和通信。前者具备传感器处理、主控逻辑、数字I/O等功能，能够完成机器人的运动规划、插补等任务；后者主要用于信息输入和信息显示。

（2）模块化层次化的控制器软件系统

该软件系统由硬件驱动层、核心层和应用层构成，每个层次在控制器软件系统中发挥着不同的功能，包含若干个不同的功能模块，所有功能模块协同配合，共同完成相应层次负责的功能。该软件系统是采用分层和模块化的结构设计，以实时多任务操作系统Linux为基础而创建的，具有开放性的特点。

（3）机器人的故障诊断与安全维护技术

这项技术可以实时捕捉和分析机器人内部系统的运行信息和状态信息，从而实现故障诊断和定位，并采取合理的措施进行维护，以保障机器人安全、稳定地运行。

（4）网络化机器人控制器技术

在工业智能化发展的背景下，工业机器人的应用逐渐由单台工作站向机器人生产线迈进。在此形势下，网络化机器人控制器技术的重要性日益凸显。这项技术通过在控制器上部署串口、控制器域网总线、以太网等，实现机器人各模块之间的联网通信，从而实现对机器人生产线的实时监管。

工业机器人的主要类型

工业机器人可以按照不同的标准划分为不同的类型，划分标准包括发展程度、运动形式、控制机能、程序输入方式等，如图 17-1 所示。

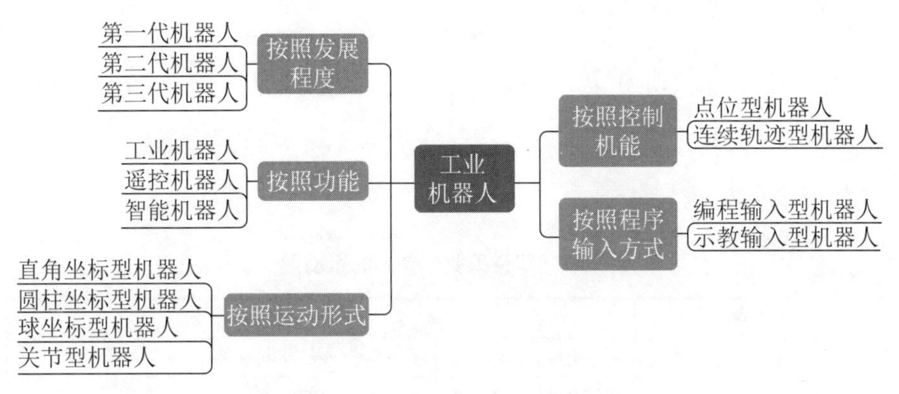

图17-1　工业机器人的类型划分

1. 按照发展程度划分

按照发展程度划分，工业机器人可以划分为第一代机器人、第二代机器人和第三代机器人。其中第一代机器人是按照“示教—再现”的方式工作的机器人，需要人为训练，目前已经广泛应用于生产；第二代机器人搭载了传感装置，可以收集周围环境以及操作对象的信息并做出反馈控制，目前已经在个别场景落地应用；第三代机器人具备多种感知与推理功能，可以在未知的环境中独立工作，是最具发展潜力的一种机器人，目前还处在研究阶段。

2. 按照功能划分

按照功能划分，工业机器人可以分为工业机器人、遥控机器人和智能机器人。工业机器人大多是按照“示教—再现”的方式进行重复作业，主要应用于工业自动化领域；遥控机器人可以接受遥控指令进行远距离作业，可以在宇航、海底、核工业及真空等领域应用；智能机器人的功能更加多元，不仅具有移动、感知、学习、逻辑判断等能力，还可以与人交流互动，适应性极强，应用空间更加广阔。

3. 按照运动形式划分

按照运动形式划分，工业机器人可以分为四种类型，即直角坐标型机器人、圆柱坐标型机器人、球坐标型机器人、关节型机器人，其运动形式如表 17-2 所示。

表 17-2　四类工业机器人的运动形式

机器人类型	运动形式
直角坐标型机器人	可以沿着 x、y、z 三个直角坐标方向运动
圆柱坐标型机器人	能够根据需要完成升降动作、伸缩动作、回转动作等
球坐标型机器人	运动更加灵活，可以完成回转、伸缩、俯仰等动作
关节型机器人	具备多个转动关节，能够完成更多复杂的运动

4. 按照控制机能划分

按照控制机能划分，机器人可以分为点位型机器人和连续轨迹型机器人。其中，点位型机器人负责对相应的工作点进行准确定位，并控制执行机构准确抵达工作点开展相应的操作，这种类型的机器人一般应用于电焊、机床上下料以及一般的搬运、装卸等场景。连续轨迹型机器人是控制执行机构按照事先设定的连续轨迹进行运动，从而完成相应的工作，一般应用于连续焊接、涂刷等场景。

5. 按照程序输入方式划分

按照程序输入方式划分，工业机器人可以分为编程输入型机器人和示教输入型机器人。其中，编程输入型机器人是借助 RS232 串口或以太网将完整作业流程的计算机编程传输至控制系统，系统通过解读编程内容来控制执行机构完成相应操作。示教输入型机器人是通过演示教学让机器人自主完成相应操作，示教方式通常有两种，如表 17-3 所示。

表 17-3　示教输入型机器人的两种示教方式

示教方式	具体操作
示教操纵盒示教	工作人员通过示教操纵盒将指令信号传输至驱动系统，以驱动执行机构按照相关指令进行操演
工作人员直接引领执行机构	工作人员通过计算机对工业机器人的执行机构进行直接操作，引领执行机构按照相应的要求（动作顺序、运动轨迹等）进行操演。在这个过程中，机器人的程序存储器会自动存储工作程序信息，在自主工作时，机器人的控制系统会对这些信息进行提取整合，控制执行机构完成相应的操作

工业机器人常见的应用领域

自二十世纪五六十年代人类创造了第一台工业机器人以后，工业机器人就展现了极强的生命力。在短短几十年的时间里，机器人技术得到了迅速发展，在众多制造业领域得以应用。其中，工业机器人应用最广泛的领域是汽车及汽车零部件制造业，并且正在不断地向其他领域拓展，如机械加工行业、电子电气行业、橡胶及塑料工业、食品工业、木材与家具制造业等。

1. 电子电气

在电子电气领域，工业机器人主要在分拣装箱、激光塑料焊接、高速码垛、撕膜系统等流程中发挥作用，可以显著提升各项工作的开展效率。目前，在世界范围内，SCARA（Selective Compliance Assembly Robot Arm，选择顺应性装配机器手臂）型四轴机器人和串联关节六轴机器人是应用最多的两类工业机器人，占据全球工业机器人装机量的半壁江山。

2. 塑料工业

塑料制品在日常生活中的使用量非常大，并且应用领域也非常广泛，因此塑料制品厂需要不断扩大生产规模，为市场提供大批量的塑料制品。塑料制品的加工过程重复性比较高，并且在加工过程中会产生对人体有害的气体。为了降低生产成本，避免塑料制品加工生产对工作人员的危害，生产企业可以在生产线上引入工业机器人，借助工业机器人高效、灵活、耐用性强、承重力强、可以全天候高强度工作等优势，大幅提升塑料制品加工效率，实现降本增效。

3. 铸造行业

传统铸造行业同样面临着工作强度大、工人和机器负担重、工作环境恶劣、污染严重等问题，不利于自身的可持续发展。但由于铸造业是国民经济发展中必不可少的工业，为了解决高能耗、高污染等问题，越来越多的铸造企业开始推行绿色铸造。

工业机器人应用于铸造行业可以优化铸造工艺，提升铸造效率，从而提升产品的质量和精度，降低制造成本，同时也可以有效改善工作环境，减少污染，从而推动铸造业实现绿色发展。

4. 家用电器行业

家电行业是劳动密集型产业，但随着人口老龄化现象逐渐加剧，家电行业逐渐出现人力资源短缺的情况，人力成本也随之增加。同时人们对家用电器的精密度要求越来越高，这为工业机器人的应用创造了条件。

在家电领域，工业机器人的应用场景十分广泛，甚至可以贯穿整个流水线，包括生产、加工、搬运、测量、检验等环节。工业机器人的应用可以大幅提升各个环节的工作效率，还可以提升测量检验的准确率，提升家电质量，扩大家电企业的竞争优势。

5. 食品行业

随着社会生活水平不断提升，食品生产逐渐由单品种大批量向多品种小批量方向转变，食品产品日益呈现出精致化、多元化的特点。传统的食品包装工作通常依靠人工来完成，不仅效率低，而且无法保障食品卫生。同时，在食品产品向多品种小批量发展的过程中，食品包装工作也变得更加复杂，工作强度也随之提升。工业机器人应用于食品行业可以有效解决这些问题。工业机器人可以通过集成多种高新技术，如传感器技术、机器识别、机器制造等，实现自动化、智能化的食品加工和包装，在提升工作效率的同时可以有效保障食品的安全卫生。

根据食品产品的生产流程，工业机器人可以分为加工机器人、包装机器人、拣选机器人、码垛机器人几种类型，目前市面上已经有包装罐头机器人、切割牛肉机器人、自动午餐机器人等几种机器人。

6. 冶金行业

冶金行业的产品类型很多，包括轻金属、贵重金属、彩色金属、特殊金属、钢等，每种产品需要采用不同的金属原料、经过不同的工艺加工而成，因此冶金领域的工作比较复杂，而且工作环境也较为恶劣，工作强度大，对精准度要求高。

以金属成形加工环节为例，该项工作噪声大、金属粉尘多、工作环境恶劣，会对工作人员的身体带来一定的伤害。工业机器人应用于金属成形加工领域，可以有效缓解人力资源短缺问题，提高金属加工的效率、精度与安全性，发展空间巨大。

工业机器人应用于冶金领域，能够很好地适应各种工作环境，并且可以高效地完成复杂、高强度的冶金工作，还能够大幅缩短工作周期，提升生产效率，对保证生产的经济效益、提升行业竞争力具有重要意义。在冶金领域，工业机器人主要应用于钻孔、铣削或切割、折弯和冲压等流程。

7. 玻璃行业

玻璃产品在电子通信、医药、化学、化妆品、建筑等领域发挥着非常重要的作用，特别是医药、化学等领域对玻璃产品的清洁度、精密度和质量的要求非常高，而传统的玻璃制造流程通常无法满足这一要求，甚至可能导致玻璃产品存在更多缺陷。工业机器人应用于玻璃行业可以有效避免这些问题，自动化的操作流程既可以大幅减少甚至避免粉尘等污染物混入玻璃产品，又可以提升产品加工制造效率，还可以保证玻璃的质量和精密度。总而言之，工业机器人在玻璃行业的应用前景非常广阔。

8. 烟草行业

烟草行业是轻工业的一种，最典型的烟草产品就是卷烟。每根卷烟体积小，重量轻，所需要的原料和辅料也比较少。而且烟草产品的生产过程对原料、辅料及半成品的配送效率、准确率以及配送环境的稳定性要求较高，传统人工配送经常出现问题，而且运输的时效性比较差，无法满足烟草行业的现代化发展需求。

自动引导运输车等工业机器人的应用，可以为烟草行业提供先进的自动化物流系统，大幅提升原料、辅料及半成品配送的效率和准确率；码垛机器人等的应用可以实现卷烟成品的高效、快速码垛。

9. 化工行业

化工行业是工业机器人的主要应用领域之一。随着社会经济的发展，化工产品对产品的精密度、纯度及质量提出了更高的要求，有些领域甚至期望得到微型化的化工产品。而要想制造出符合条件的化工产品，洁净、高效、标准化的生产环境至关重要，这就为洁净机器人的应用创造了有利的条件。未来，洁净机器人必定会与更多类型的工业机器人共同运用于化工行业，各种机器人协同配合，共同推动化工行业实现绿色发展。

随着科技的发展，工业机器人逐渐形成了一项新的产业，有着广阔的发展空间。不过目前，我国的工业机器人产业尚未形成规模，需要加大在工业机器人领域的资金投入，引进国外的先进技术，将国际优秀经验与我国国情相结合，推行自主战略，保持创新意识，加快我国工业机器人产业的发展，这对提升国家实力、提高我国的国际地位具有重要意义。

工业机器人的主要应用场景

在工业生产领域，喷涂机器人、组装机器人、码垛机器人、上胶机器人、磨削机器人及雕刻机器人、检测机器人等都已经实现了广泛应用。下面我们对上述几种类型的工业机器人的应用场景进行简单介绍。

1. 喷涂机器人

喷涂机器人也叫喷漆机器人，能够完成自动喷漆和其他的喷涂工作，如喷涂形状不规则、大型号的工件等，可以大大提升喷涂效率，增强材料的耐用性。目前，喷涂机器人已经广泛应用于各种生产和制造行业，如汽车、汽配、铁路、家电、建材、机械等。

2. 组装机器人

装配在制造业中占有重要地位，由于装配操作比搬运、喷洒等要复杂得多，因此装配过程需要精确到每一厘、每一毫，否则可能会出现卡住或者无法装配等问题。装配机器人是柔性自动化系统的核心设备，由机器人操作机、控制器、末端执行器和传感系统组成，广泛应用于各种电器、汽车、计算机等部件的装配领域，凭借精度高、效率快等特点受到了各行业的青睐。

3. 码垛机器人

码垛遵循单元化集成思想，按照一定模式堆码成垛，以实现物料的运输、搬运、装卸等工作。码垛机器人可以接收工作指令并自动执行。接收到工作指令后，码垛机器人会按照预先编排好的程序自动运行，可以大幅度提升企业的生产效率，达到增产提量的目的。码垛机器人是机、电一体化的高科技产品，广泛应用于食品、化工、啤酒等领域。

4. 上胶机器人

上胶机器人主要由两部分组成，分别是机器人本体和专用的上胶设备。由于具备质量高、工艺精细等特点，上胶机器人能够独立完成自动上胶和半自动上胶等操作，还可以胜任复杂的三维空间的黏接工作。

5. 磨削机器人

随着人们对机器人认识的加深，机器人的应用领域从传统的搬运、焊接向装配、磨削扩展，机器人智能化磨削系统已经成为行业发展的重点。磨削是一种典型的加工运动，磨削机器人能够实现复杂曲面工件的磨削和加工，在医疗器械、汽车制造、建材家具、工业零部件等行业实现了广泛应用。

6. 雕刻机器人

随着光电技术快速发展，激光雕刻技术应用越来越广泛。激光雕刻机器人是工业生产与制造领域常用的机器人，基于激光和数控技术，被雕刻材料在高能量密度的激光照射下瞬间熔化和汽化，以达到加工的目的。激光雕刻加工材料分为两种，分别是金属材料和非金属材料。激光雕刻机器人凭借加工密度高、速度快的特点实现了广泛应用，例如用于雕刻有机玻璃制品、加工卫浴产品模型等。

7. 检测机器人

检测机器人是企业生产与制造过程中必不可少的工具，生产材料的检验、零部件的检验和成品的检验是保证产品质量的关键。检测机器人凭借智能化和自动化的特点，对企业生产与制造的全过程进行检测，可以有效提高工作效率，降低人工检测的出错率。

第 18 章 串联机器人：应用类型与落地实践

国内外串联机器人的研究与实践

串联机器人是工业机器人的一个细分种类，是一种能够实现精准定位、自动化控制、可以多次编程、具有多个自由度的操作机器。一般情况下，串联机器人拥有 4 ～ 6 个自由度，其中 2 ～ 3 个自由度决定了末端执行器的位置，剩下的自由度决定了末端执行器的姿态。串联机器人具备搬运、焊接和喷涂等功能，既可以应用于传统的工业行业，也可以应用于新兴的工业行业，例如海洋开发、太空探测、精密仪器研发等，可以很好地代替人工开展一些重复性的工作或者执行一些比较危险的任务。

经过近几十年的发展，串联机器人取得了重大突破，相关技术已经相对成熟，相关应用逐渐向集成化、系统化的方向发展，机器人与工业计算机、智能辅助设备以及工作人员相互协作共同构成了一个规模庞大的工作群体。在欧美等西方发达国家，串联机器人的功能十分丰富，具有高精准度、高效率等特点。我国串联机器人的技术与应用还有进步空间，主要表现在多次定位的精准度、工作的稳定性、所能承受的最大负载等方面。

我国对串联机器人的研究起步比较晚。我国从 20 世纪 70 年代开始研发工业机器人，直到 80 年代中期很多核心技术与部件仍依赖进口，没有自主研发的工业机器人。而在同时期的欧美国家，工业机器人技术与应用已经较为成熟，有的已经实现了产业化应用。

为了缩小与世界先进水平的差距，我国政府相继出台了很多扶持政策，鼓励相关企业与机构研发工业机器人。例如“七五”计划就明确提出要研发工业机器人，并将工业机器人的应用作为一项重要的考核指标，为工业机器人的研发指明了方向，即实用化。此后，国家“863”高科技计划、“八五”计划、“九五”计划都将工业机器人列为重点发展产业。

经过三十多年的努力，我国工业机器人在共性技术、控制技术以及关键零部件等领域取得了重大突破，相关技术与应用逐渐进入产业化阶段。其中，串联机器人在焊接领域实现了广泛应用，出现了一大批知名的焊接机器人企业。

目前，在我国的串联机器人市场上，除了国内企业自主研发的机器人外，还有欧系串联机器人和日系串联机器人两大门类。其中，欧系串联机器人的代表性公司有瑞典的ABB、德国KUKA和意大利的COMAU等；日系串联机器人的代表性公司有安川、FANUC和川崎重工等；国内串联机器人的代表性公司与机构有沈阳新松机器人自动化股份有限公司、首钢Motoman机器人有限公司、北京机械工业自动化研究所机器人中心等。

在欧系串联机器人企业中，瑞典的ABB是唯一一家在我国建设了工业机器人生产基地的企业，有多种不同类型的工业机器人，并形成了产品系列，可以满足用户的多元化需求。ABB公司研发的工业机器人以高可靠性与高精准度著称，可以应用于焊接、装配、铸造、密封、涂胶、产品包装、表面漆喷绘和水切割等多个领域。

在日系串联机器人企业中，安川公司和FANUC公司是两家知名企业，其中安川公司的Motoman工业机器人大量进入中国市场，被很多企业购买使用。Motoman工业机器人集成了送丝管线内置等先进技术，极大地提高了焊接精度，可以有效避免送丝管线抖动带来的影响，可以最大限度地减少工业机器人在正常工作过程中的停机时间。

基于运动特征的串联机器人

串联机器人的运动特征需要通过坐标特性进行描述，可以按照基本动作机构分为柱坐标机器人、球坐标机器人、笛卡尔坐标机器人和多关节机器人。下面对不同类型的机器人进行具体分析。

1. 柱坐标机器人

柱坐标机器人的水平臂或杆架安装在一个垂直柱上，这个垂直柱又安装在一个旋转基座上，可以左右旋转，但受液压、电气或气动联接机构或连线的制约，旋转角度不超过360°。除回旋外，柱坐标机器人还拥有两大平移自由度，其手臂伸出长度有一个最大值，有一个最小值，整体活动范围呈圆柱体状。

2. 球坐标机器人

球坐标机器人可以旋转、摆动和平移，手臂可以像望远镜套筒一样伸缩，可以在垂直面内绕轴旋转，但不能在基座水平内转动。也就是说，受机械和驱动连线的限制，球坐标机器人的活动范围是球体的一部分。

3. 笛卡尔坐标机器人

笛卡尔坐标机器人别名直角坐标机器人，结构非常简单，机械手的连杆呈线性移动，运动轴呈棱柱形。按照结构样式的不同，笛卡尔坐标机器人可以分为两种类型，一类是悬臂笛卡尔式机器人，一类是门形笛卡尔式机器人。

①悬臂笛卡尔式机器人的机械手臂连接到主干，主干与基座相连，所以机械手的活动空间有限，只能在与笛卡尔坐标轴 x、y、z 的平行方向上移动。悬臂笛卡尔式机器人的机械手长度有限，承受能力较差，但是其工作空间所受的约束比较小，所以可以从事一些重复性但对精度要求比较高的工作，编程比较简单。但有些运动形式需要进行大量计算，例如移动方向与坐标轴 x、y、z 轴都不平行。对于这类任务，悬臂笛卡尔式机器人很难完成。

②门形笛卡尔式机器人（桁架机器人）通常安装在顶板上，承载能力强，移动的精准度高，主要应用于需要精确移动及负载较大的工作场景。

4. 多关节机器人

多关节机器人有两个关键结构，一是旋转机构，二是摆动机构。整体结构比较紧凑，可以做出与人相似的动作，执行涂装、装配、焊接等多种类任务，应用范围比较广。根据动作空间的形状，多关节机器人可以分为三种类型，分别是纯球状机器人、平行四边形球状机器人和圆柱状机器人，如表 18-1 所示。

表 18-1　多关节机器人的三种类型

机器人类型	结构	功能
纯球状机器人	纯球状机器人的关节结构最简单，所有连杆都搭配了枢轴装置，可以旋转，机械臂的上臂与前臂通过枢轴连接在一起，支持前臂在一定角度内自由转动；上臂又通过枢轴与基座连接在一起，可以绕枢轴在与基座垂直的面内转动；基座可以自由转动，从而带动整个机器人在与基座平行的平面内移动	纯球状机器人可以触及机器人基座附近的区域，并越过工作范围内的人与障碍物

续表

机器人类型	结构	功能
平行四边形球状机器人	使用多重闭合的平行四边形的连杆机构代替单一刚性构件的上臂，允许在机器人的基座或者靠近基座的位置安装关节驱动器，从而减轻机械臂惯性机的重量，提高机器人的承载能力	在执行器大小相同的情况下，平行四边形球状机器人的承载能力要比纯球状机器人高很多。但相较于纯球状机器人来说，平行四边形球状机器人的工作范围要小很多
圆柱状机器人	由肩关节、肘关节和腕关节构成，有 4 个自由度，包括 3 个旋转自由度和 1 个移动自由度，可以水平运动，也可以垂直运动	圆柱状机器人只能在平面上自由移动，在垂直方向上的灵活性比较差，但刚性很高，所以非常适合用于垂直方向上的装配作业，可以承担装备、搬运等工作，而且工作效率比较高

串联机器人产品的落地与应用

目前，串联工业机器人已经在很多行业实现了应用，每个行业又可以划分出很多应用场景。按照这项划分标准，串联机器人可以分为很多种类型，常见的有以下几种。

1. 移动机器人

移动机器人是在计算机、多种传感器的控制下进行精准移动的机器人，具备自动导航和网络交互等优势，可以实现柔性搬运、柔性加工、传输、物品分拣等多种功能。移动机器人的应用将会给传统生产线带来重大变革，可以简化生产运输流程，减少生产线占地面积，降低物料损耗，提升生产效率，实现信息化、精细化、柔性化的工业生产。

移动机器人的应用领域十分广泛，包括电子、纺织、烟草、医疗、食品加工、机械制造、物流运输等众多行业，可以用于物料的高效、柔性传输和配送，也可以用于自动化立体仓库、柔性装配系统的构建，还可以应用于邮局、车站、机场等场所，实现快速、精准的物品分拣和运送。

2. 点焊机器人

点焊机器人通常采用关节式工业机器人的基本设计，通常具备 6 个自由度，能够灵活地完成各种角度的焊接工作。点焊机器人具备性能稳定、安全性强、精准度高、运动速度快、负荷能力强等优势，其应用可以显著提升电焊效率和质量，有效弥补人工焊接的缺陷。点焊机器人在汽车制造领域的应用较为深入，主要负责整车的焊接工作。目前，国际先进工业机器人企业已经在我国境内开拓了应用市场，未来我国汽车制造业将在点焊机器人的带领下实现进一步发展。

3. 弧焊机器人

弧焊机器人与点焊机器人的构成部分、工作原理及应用领域基本一致，不同的是，弧焊机器人主要负责汽车零部件的焊接工作。在这一领域，国际大型工业机器人企业主要为成套装备供应商提供弧焊机器人单元产品。

4. 激光加工机器人

激光加工机器人是应用于激光加工领域的机器人，能够在计算机和自身控制系统的支持下，对加工工件进行自动扫描和检测，结合成品图像信息自动生成成品加工件模型，并在加工工件上形成精准的加工曲线，最后按照加工曲线进行自动加工。此外，该机器人也可以根据 CAD 数据直接在加工工件上进行操作。

激光加工机器人具备高精度、高效率等优势，其应用可以进一步提高激光加工作业的柔性化程度，主要应用于焊接、打孔、工件表面的激光处理、模具修复等场景。

5. 真空机器人

真空机器人是在真空环境下工作的机器人，主要用于完成真空条件下物料的传输和加工。真空机器人的设计结构和关键技术与普通机器人有较大差别，其中关键技术包括真空机器人新构型设计技术、大间隙真空直驱电机技术、真空环境下的多轴精密轴系设计、动态轨迹修正技术、可靠性系统工程技术等，设计难度比较大。真空机器人主要应用于半导体工业领域，可以完成晶圆在真空腔室内的传输工作。

6. 洁净机器人

洁净机器人是在洁净环境中工作的机器人，很多现代工业产品对精密度的要求非常高，特别是航空航天器、精密仪器等，相应地，这些产品对生产加工环境的要求也非常苛刻，甚至不允许有任何的细小灰尘，洁净机器人可以满足这类产品的生产要求。

第 19 章
并联机器人：核心技术驱动应用创新

并联机器人 vs 串联机器人

在工业机器人领域，并联机器人和串联机器人是两种比较先进的技术，它们相互作用，共同驱动工业机器人技术向前发展。目前，串联机器人的相关技术与应用已经比较成熟，而并联机器人的研究起步相对较晚，还有很多理论问题没有解决。

从定义上看，串联机器人是一种开放运动链机器人，由一系列连杆通过转动关节或移动关节串联而成，使用驱动器控制各个关节的运动，进而带动连杆运动，让末端焊枪达到合适的位姿。简单来说，串联机器人就是用一个制动器控制一个自由度，然后将一系列单自由度的轴串联在一起。并联机器人指的是“动平台和定平台通过至少两个独立的运动链相连接，机构具有 2 个或者 2 个以上的自由度，以并联方式驱动的一种闭环机器人”。两种机器人的区别如表 19-1 所示。

表 19-1　并联机器人和串联机器人的区别

区别	串联机器人	并联机器人
结构	借助刚度很大的杆通过关节进行连接，每个杆通过关节与前面的杆及后面的杆相连，两端的杆只能与前面或者后面的杆相连	动平台和定平台通过至少两个独立的运动链相连接，机器人拥有 2 个或 2 个以上自由度，以并联的方式驱动

续表

区别	串联机器人	并联机器人
特点	需要减速器；驱动功率不同，电机型号不同；电机位于运动构件，惯量大；正解简单，逆解复杂	不需要减速器，成本比较低；所有的驱动功率相同，容易实现产品化；电机位于机架，惯量小；逆解简单，方便进行实时控制
应用场景	串联机器人的相关技术与理论比较成熟，结构简单，成本低，控制简单，运动空间大，已经在各种机床、装配车间等领域成功应用	并联机器人的研究起步较晚，主要用于精密紧凑的应用场合，竞争点集中在速度、重复定位精度和动态性能等方面，有很多成功应用的案例，例如运动模拟器、Delta 机器人等

目前，并联机器人已经在飞行模拟器、汽车测试台、运动模拟器、游戏设备及其他工业设备领域实现了广泛应用。对于支持预设的并联机器人，研发人员可以提前设定行动轨迹，让并联机器人按照预设轨迹行动，但这一功能只能在特定条件下使用，在很多情况下无法使用，例如在崎岖不平的路面环境中运输伤员就无法使用预设功能，只能依靠自主并联机器人在运动过程中保持平衡。

自主并联机器人的设计过程要遵循“架构设计—机构设计—结构设计—外观设计”的流程，要对结构布局、运行速度、承载力、占用空间面积、主动被动结合等问题进行综合考虑。目前，致力于研发并联机器人的企业有很多，其中大部分企业掌握了一些核心技术。例如宁波 GQY 视讯掌握了三大核心技术——多维减震、精准感知和独特算法。其中，多维减震技术可以通过多精度路面与多种传感器相结合，借助可以对模型进行精准控制的算法，补偿合理的分配以及多环节安全保护，对加速度进行精准计算，赋予并联机器人垂直、翻滚、高广度、高速度、主动和被动结合等功能。

虽然并联机器人无法执行比较复杂的任务，但可以应用于柔性制造以及医护车、游艇、飞机、雷达天线、航空航天等领域。未来，随着相关技术不断成熟，并联机器人将在更多领域得以广泛应用，全面融入人们的日常生活。

基于自由度划分的并联机器人

对于并联机器人来说，并联机构是一个核心部件，直接影响着并联机器人的运动空间。如果按运动形式划分，机器人的并联机构可以划分为平面机构和空间机构两种类型，其中平面机构可以细分为平面移动机构、平面移动转动机构，空间机构可以细分为空间纯移动机构、空间纯转动机构和空间混合运动机构。

按照并联机构的自由度，并联机器人可以划分为五种类型，分别是两自由度并联机构、三自由度并联机构、四自由度并联机构、五自由度并联机构、六自由度并联机构。

1. 两自由度并联机构

两自由度并联机构的自由度最少，按照结构形式可以划分为两种类型，分别是平面结构和球面结构，具体如表 19-2 所示。

表 19-2　两自由度并联机构机器人的两种类型

类型	具体应用
平面结构	平面结构的并联机器人可以实现平面 2 个移动自由度，可以在平面空间内的定位点间自由移动。在并联机器人领域，平面结构的并联机器人的自由度最少，可以通过多种形式的并联机构让机器人实现平面 2 个移动自由度运动
球面结构	球面结构是一种非常重要的机器人机构。在球面结构中，各种转动轴线相交于一点，机器人的整体结构比较简单，制造成本相对比较低，各部件的位置比较紧密，可以应对多种空间姿态的变化，在工业领域的应用空间比较广。目前机器人常用的万向节就是一种典型的球面 4 杆机构，大多数机器人的手腕使用的是球面 3 杆开链机构

2. 三自由度并联机构

三自由度并联机构的种类比较多，形式比较复杂，常见的几种形式如表 19-3 所示。

表 19-3　三自由度并联机构的五种形式

形式	典型代表
平面三自由度并联机构	以 3-RPR 机构为代表
球面三自由度并联机构	以 3-RRR 球面机构、3-UPS-1-S 球面机构为代表。在 3-RRR 球面机构中，所有运动副的轴线相交于一点，即机构的中心点；在 3-UPS-1-S 球面机构中，S 的中心点是机构的中心，机构上的所有点都围绕这个点转动
三自由度移动并联机构	以 StarLike 并联机构、T 阿斯并联机构、Delta 机构为代表，是一种应用广泛的三维移动空间机构，运动学的正反解都比较简单
空间三自由度并联机构	以 3-RPS 机构为代表，属于欠秩机构。在这种机构中，不同点的运动形式也不同，这种特殊的运动特性导致这类机构的应用范围比较小
增加辅助杆件和运动副的空间机构	例如德国汉诺威大学研制的并联机床使用的是 3-UPS-1-PU 球坐标式三自由度并联机构，增加了辅助杆件和运动副，拥有 1 个移动自由度和 2 个转动自由度

3. 四自由度并联机构

四自由度并联机构大多数不属于完全并联机构，例如 2-UPS-1-RRRR 机构通过三个运动链与左平台连接，有两个运动链完全相同，都是由一个虎克钱 U、一个移动副 P 构成，不属于完全并联机构。

4. 五自由度并联机构

五自由度并联机构大多是非对称机构，完全对称的五自由度并联机器人机构很难实现。五自由度并联机构的实现方式有很多，例如有国外学者提出一种双层五自由度并联机构，拥有 3 个移动自由度和 2 个转动自由度；也有国内学者提出在六自由度并联机构中添加一个五自由度约束分支，最终得到两种五自由度并联机构。

5. 六自由度并联机构

六自由度并联机构是目前最受关注的一类并联机构，在无人机、六维力与力矩传感器、并联机床等领域有广阔的应用空间。但这类机构想要实现广泛应用，还需要解决很多关键性技术问题，例如运动学正解、动力学模型的建立、并联机床的精度标定等。

另外，六自由度并联机构想要实现完全并联要使用六个运动链，但现有的六自由度并联机构有的只使用了三个运动链，有的在三个分支的每个分支上增加了一个五杆机构作为驱动机构。除此之外，六自由度并联机构还有一些其他的实现方式亟待探索。

并联机器人的机构性能指标

想要做好并联机器人的机构设计，必须解决奇异位形、工作空间、各向同性与灵活度、力传递性能、刚度等机构性能指标问题，下面以 Delta 机器人为例对并联机器人各机构性能指标进行具体分析。

1. 奇异位形

对于并联机器人来说，奇异位形是一种固有性质，可以通过假设雅可比矩阵行列式为零计算得出。在这种假设条件下，并联机器人的机构没有速度反解，或者关节驱动力无上限，研究人员在设计机器人机构、规划机器人的行动轨迹的过程中应该尽量避免这种情况出现。作为目前在工业领域应用最广泛的一种并联机器人，Delta 机器人的奇异分析相对比较简单。

2. 工作空间

工作空间指的是机器人末端执行器的工作区域，可以分为两种类型，一类是可达工作空间，一类是灵活工作空间。并联机器人的工作空间需要通过运动方程进行计算，可以使用网格法、雅可比法、蒙特卡洛法等数值方法。Delta 机器人的工作空间可以使用几何图形交集的方法进行计算，也可以使用解空间的物理模型法进行计算。

3. 各向同性与灵活度

灵活度可以反映机构输入与输出运动之间的传递关系是否失真。当并联机器人的机构接近奇异形位时，雅可比矩阵异常，逆矩阵精度比较低；当雅可比矩阵的条件数为 1 时，并联机器人各机构的运动性能处在最佳状态，这种状态有一个专业术语叫作运动学各向同性。目前，在 Delta 系列机器人设计中，采用条件数来衡量机器人机构的各向同性和灵活度已经成为一种常用方法。

4. 力传递性能

通过力传递性能可以了解并联机器人搭载的执行器上的广义力与关节驱动力之间的关系，具体性能指标包括力椭球、条件数、传递角等。力椭球是基于雅可比矩阵奇异值分解计算得出的；条件数指标可以通过雅可比矩阵最大奇异值与最小奇异值的比值来反映力传递的各向异性；传递角指的是刚体受力时力作用线与作用点之间的夹角。

5. 刚度

刚度包括静刚度和动刚度，均与机构拓扑类型、尺度、截面参数有关。静刚度需要借助静刚度解析模型进行评价，动刚度可以用来衡量结构抵抗预定动态激扰能力。Delta 系列机器人的动刚度分析主要借鉴其他机械系统的分析方法，以固有频率作为衡量指标，经常用刚度矩阵的条件数对局部动力学性能进行评价。

基于并联机器人的自主分拣系统

凭借自重轻、刚度高、承载能力强、运行速度快、工作效率高等优点，并联机器人被广泛应用于分拣、装箱、转移等领域，其中在分拣领域的应用最为广泛。下面我们对基于并联机器人的自助分拣系统进行详细介绍。

制造企业的生产活动需要很多原材料，这些原材料进场之后堆叠在一起需要进行分拣。如果大批原材料在同一时间进场，机器人很难一次性完成抓取。为了解决这一问题，研究人员研发出两种非常规的分拣方案。

1. 堆叠物料 3D 分拣

常规分拣系统无法应对材料堆叠情况的一个主要原因在于 2D 相机视觉系统的既定轮廓与堆叠材料的平面投影轮廓存在一定的偏差，无法准确识别材料的位置，无法向机器人传输准确的材料位置信号。即便为并联机器人配备 3D 视觉系统，可以准确识别材料的三维空间外部轮廓，但受终端自由度的限制，也无法捕捉 6 个空间自由度。

为了解决这一问题，研究人员尝试为六自由度机器人配备 3D 视觉识别系统，让机器人可以一次完成堆叠。六自由度机器人是一种三自由度机器人 P-3R 新型结构机器人，兼具串联机器人与并联机器人的很多优点，例如灵活、速度快等，在 3D 视觉识别系统的辅助下可以根据堆叠材料的位置和定位坐标调整终端执行器的位置，在 6 个空间自由度内抓取物料，不仅可以提高分拣效率，而且可以解决分拣工艺问题，不需要太多设备进场，节省空间。

2. 密集物料“循环”分拣

循环分拣指的是在大批物料同时进场的情况下，如果机器人分拣时漏抓某个物体，主转盘要将物体旋转到原来的位置由机器人完成抓取，以免因为机器人漏抓影响生产进度，而且不需要像传统生产线一样配备太多进料装置，甚至不需要配备传送带，可以节省大量空间，为进料密集时机器人无法一次性完成抓取时的进料循环问题提供了有效的解决方案。

这种圆盘抓取技术的原理是：并联机器人根据视觉系统与编码器提供的物料位置信息，使用圆轨跟踪算法在圆盘中心建立工件坐标系，将视觉系统提供的物料位置信息转化为终端执行器的轨迹，从而在圆主转盘上完成对物件的跟踪与抓取。

随着工业机器人的应用成本不断下降，人工成本不断上涨，未来几年，将有大批企业引入工业机器人替代人类工作人员，迈出工业自动化的第一步。尤其是工业机器人的相关技术与应用不断成熟，例如3D分拣、圆盘抓取技术等，为并联机器人的应用创造了一个更成熟的配套环境，这使工业机器人的价值能够得到充分发挥，可以切实提高生产效率，降低生产成本。